U0350519

中国海洋经济发展报告

2015

国家发展和改革委员会　国家海洋局　编

海洋出版社

2015 年·北京

图书在版编目（CIP）数据

中国海洋经济发展报告.2015 /国家发展和改革委员会，国家海洋局编.
—北京：海洋出版社，2015.12
ISBN 978 - 7 - 5027 - 9304 - 3

Ⅰ.①中…　Ⅱ.①…国 ②国…　Ⅲ.①海洋经济 - 经济发展 - 研究
报告 - 中国 - 2015　Ⅳ.①P74

中国版本图书馆 CIP 数据核字（2015）第 280319 号

责任编辑：高朝君　肖　炜
责任印制：赵麟苏

海洋出版社　出版发行

http://www.oceanpress.com.cn

北京市海淀区大慧寺路8号　邮编：100081
北京朝阳印刷厂有限责任公司印刷　新华书店北京发行所经销
2015 年 12 月第 1 版　2015 年 12 月第 1 次印刷
开本：787mm×1092mm　1/16　印张：7.25
字数：72 千字　定价：38.00 元
发行部：62132549　邮购部：68038093　总编室：62114335

海洋版图书印、装错误可随时退换

前　言

　　海洋经济是开发利用海洋的各类产业及其相关经济活动的总和。当前，我国开放型经济已经站在新的起点上，沿海开放进入新的历史阶段，海洋在国家发展中的战略地位日益凸显，海洋经济对国民经济和社会发展的支撑作用越来越重要。面对复杂多变的国内外环境和各种重大挑战，党的十八大明确提出了建设海洋强国的重大战略，对发展海洋经济做出重大部署。2013 年，党中央、国务院根据全球形势深刻变化，统筹国内国际两个大局，做出了推进"丝绸之路经济带"和"21 世纪海上丝绸之路"的重大战略决策，对于开创我国全方位对外开放新格局，推进中华民族伟大复兴进程，促进世界和平发展，具有划时代的重大意义，为实施海洋强国战略和发展海洋经济指明了方向，注入了强劲动力。沿海各省（区、市）认真贯彻落实党中央、国务院战略部署，加快推进海洋经济结构调整和发展方式转变，海洋经济运行态势总体良好，为国民经济健康稳定发展奠定了坚实基础。

按照国务院印发的《全国海洋经济发展"十二五"规划》有关要求，国家发展和改革委员会、国家海洋局共同编写了《中国海洋经济发展报告2015》（以下简称《报告》）。这是我国第一份关于海洋经济的年度报告，《报告》全面总结了"十二五"以来我国海洋经济发展的总体情况、取得的成就、积累的经验和存在的问题，重点阐述了2014年我国海洋经济发展的新特点，深入分析了当前我国海洋经济发展面临的新形势，对2015年和今后一个时期我国海洋经济发展趋势进行了展望。《报告》还总结了5个全国海洋经济发展试点地区的工作进展情况，专门收录了国家发展和改革委员会委托第三方评估机构开展的全国海洋经济发展试点工作阶段性评估报告，一并供有关方面参考借鉴。

本报告由国家发展和改革委员会地区经济司、国家海洋局战略规划与经济司联合编写，编写过程中得到了有关沿海省（区、市）发展改革和海洋部门的大力支持，在此表示感谢。

编　者

2015 年 11 月

目　录

第三篇　全国海洋经济发展试点工作
阶段性评估报告（2010—2013 年）

第一篇　总报告

第一章 "十二五"以来我国海洋经济发展情况

第一节 总体进展

"十二五"以来,在世界经济持续低迷和国内经济增速放缓的大环境下,我国海洋经济继续保持总体平稳增长势头,2011—2014 年,全国海洋生产总值分别为 45 580 亿元、50 173 亿元、54 949 亿元和 59 936 亿元,年均增速 8.4%;海洋生产总值占国内生产总值的比重始终保持在 9.3% 以上;海洋经济三次产业结构由 2010 年的 5.1∶47.8∶47.1,调整为 2014 年的 5.4∶45.1∶49.5(表 1 和图 1)。2014 年全国涉海就业人员 3 554 万人,较"十二五"初期增加 132 万人,占全国就业人数的比重达到 4.6%。

表 1 全国海洋生产总值、增速及比重

指　　标	2010 年	2011 年	2012 年	2013 年	2014 年
海洋生产总值（亿元）	39 619	45 580	50 173	54 949	59 936
海洋第一产业增加值（亿元）	2 008	2 382	2 671	2 988	3 226
海洋第二产业增加值（亿元）	18 919	21 667	23 450	25 237	27 049
海洋第三产业增加值（亿元）	18 692	21 531	24 052	26 724	29 661
海洋生产总值增速（%）	15.3	10.0	8.1	7.7	7.7
海洋生产总值占国内生产总值比重（%）	9.7	9.4	9.4	9.3	9.4

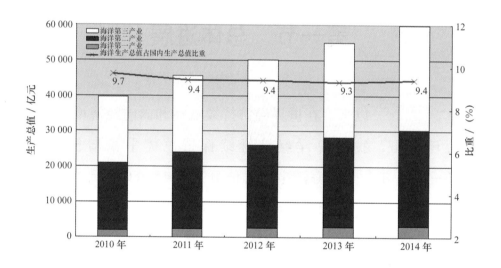

图 1 2010—2014 年全国海洋生产总值及占国内生产总值比重

海洋产业加快发展。海洋渔业、海洋船舶工业、海洋油气业等传统产业加快转型升级，海洋油气勘探开发逐步向深远海拓展，海洋船舶工业自主研发能力不断提升，海水养殖在海洋渔业中的比重进一步提高，捕养比由 2010 年的 44.8∶55.2 提高到 2014 年的 41.4∶58.6；海洋药物与生物制品、海洋工程装备制造、海洋可再生能源等新兴产业较快发展，已成为海洋经济新的增长点。"十二五"前四年，海洋战略性新兴产业年均增速（现价）达到15%以上；海洋交通运输业、海洋旅游业等服务业增长势头较好，邮轮、游艇等旅游业态快速发展，涉海金融服务业快速起步，创新模式层出不穷，信贷产品不断创新，海洋经济已经成为拉动国民经济发展的有力引擎（表2和图2）。

表2 全国主要海洋产业增加值及增长率

海洋产业	增加值（亿元）					增长率（%）			
	2010 年	2011 年	2012 年	2013 年	2014 年	2011 年	2012 年	2013 年	2014 年
海洋渔业	2 852	3 203	3 561	3 941	4 293	1.1	4.6	6.9	6.4
海洋油气业	1 302	1 720	1 719	1 667	1 530	6.0	0.2	1.1	-5.9
海洋矿业	45	53	45	48	53	2.6	-13.5	11.9	13.0
海洋盐业	66	77	60	63	63	7.4	-24.3	4.6	-0.4
海洋化工业	614	696	843	829	911	3.2	26.2	1.6	11.9
海洋药物与生物制品业	84	151	185	229	258	21.3	22.3	23.1	12.1
海洋可再生能源业	38	59	77	91	99	52.8	25.9	18.1	8.5
海水利用业	9	10	11	12	14	11.9	3.8	9.8	12.2
海洋船舶工业	1 216	1 352	1 291	1 236	1 387	10.8	-4.0	-3.6	7.6
海洋工程建筑业	874	1 087	1 354	1 844	2 103	13.9	22.6	6.7	9.5
海洋交通运输业	3 786	4 218	4 753	5 111	5 562	10.8	5.2	8.0	6.9
海洋旅游业	5 303	6 240	6 932	7 840	8 882	12.1	8.9	11.5	12.1

沿海地区产业集聚水平显著提高。2014 年，北部、东部、南部三大海洋经济区海洋生产总值分别达到 22 152 亿元、17 739 亿

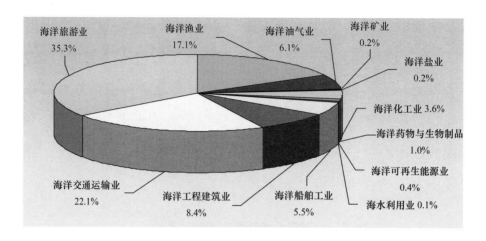

海洋旅游业 35.3%
海洋渔业 17.1%
海洋油气业 6.1%
海洋矿业 0.2%
海洋盐业 0.2%
海洋化工业 3.6%
海洋药物与生物制品 1.0%
海洋可再生能源业 0.4%
海水利用业 0.1%
海洋船舶工业 5.5%
海洋工程建筑业 8.4%
海洋交通运输业 22.1%

图2　2014年全国海洋产业增加值构成图

元、20 045 亿元，占全国海洋生产总值的比重分别为 37.0%、29.6%、33.4%（表3）。

表3　三大海洋经济区海洋生产总值（亿元）及增速（%）

	北部海洋经济区	东部海洋经济区	南部海洋经济区
2010 年	13 955	12 516	13 148
2011 年	16 454	14 254	14 872
2012 年	18 051	15 464	16 657
2013 年	19 977	16 245	18 726
2014 年	22 152	17 739	20 045
2011—2014 年海洋生产总值年均增速（现价）	12.2	9.1	11.1

涉海政策规划顺利实施。一系列促进海洋经济发展的政策规划相继出台，全国海洋经济发展试点示范作用日益凸显。"一带一路"战略的实施，加快了海洋经济"走出去"的步伐，推动沿

海地区开放进入了新的历史阶段。建设海洋经济创新发展区域示范和海洋高新技术产业基地，海洋科技支撑能力显著提升，海洋科技对海洋经济的贡献率达60%。

第二节　巨大成就

"十二五"以来，国家对海洋的重视程度日益提高，党的十八大报告提出"建设海洋强国"的战略部署，习近平总书记提出建设"丝绸之路经济带和21世纪海上丝绸之路"的重大战略，发展海洋经济上升到前所未有的高度。在党中央、国务院的总体部署下，在各有关部门和沿海各地区的大力支持下，海洋经济发展成就显著。

1. 海洋传统产业总体稳定，转型升级步伐加快

海洋渔业。"十二五"以来，我国海洋渔业保持平稳增长态势。2011—2014年海洋渔业增加值年均增长4.7%。2014年海洋渔业增加值达到4 293亿元，占全国渔业增加值的比重达到70.2%。海水产品产量3 296.2万吨，比2010年增长17.8%，占全国水产品总产量的51%。远洋渔业发展迅速，2014年远洋渔业产量202.7万吨，比2010年增长81.6%。水产品加工能力不断增强，2014年我国海水加工产品产量达到1 678.6万吨，比2010年增长24.2%。海洋休闲渔业快速兴起，已成为海洋渔业新的增长点。

海洋船舶工业。"十二五"以来,受国际金融危机影响,国际货物运输需求大幅下滑,海洋船舶工业发展跌入谷底。2011—2013年海洋船舶工业增加值增速分别为10.8%、-4.0%和-3.6%,船舶工业进入深度调整期。在市场倒逼和政策引导下,船舶行业加快调整转型步伐,骨干造船企业主动适应国际船舶技术和产品发展新趋势,大力发展技术含量高、市场潜力大的绿色环保船舶、专用特种船舶、高技术船舶,沿海各地、各船舶集团积极开展造船产能清理工作,淘汰产能近千万吨。2014年,海洋船舶工业止跌回升,实现增加值1 387亿元,比上年增长7.6%,全年我国造船三大指标市场份额继续保持世界领先,造船完工量、新接订单量、手持订单量以载重吨计分别占世界市场份额的41.7%、50.5%和47.1%,其中新接订单量比2013年提高了2.6个百分点。

海洋油气业。"十二五"以来,我国海洋油气勘探开发能力进一步增强,海洋油气产量保持稳定。海洋油气资源勘探开发力度不断加大,储量持续上升。截至2013年年底,我国探明海上石油地质储量(含凝析油)40.18亿吨,天然气地质储量(含溶解气)8 346.8亿立方米,分别比2010年增长26.7%和25.2%。深海油气勘探开发能力有了较大提升,特别是2012年深水半潜式钻井平台"海洋石油981"和深水铺管起重船"海洋石油201"等一批深水装备陆续投入作业,我国海洋油气勘探开发能力实现了从水深300米到3 000米的跨越。在近海油气资源日益减少的形势下,2011—2014年,我国海洋油气产量依然连续4年稳定在5 000万吨油当量。

2. 海洋战略性新兴产业蓬勃发展，增长速度处于领先地位

海洋工程装备制造业。 "十二五" 以来，我国海洋工程装备业发展迅速，海洋工程船、钻井平台工程承接量大幅攀升，海洋工程装备的国际市场占有率不断提高。2014 年我国承接各类海洋工程装备订单 31 座、海洋工程船 149 艘，接单金额 147.6 亿美元，占全球市场份额的 35.2%，位居世界第一。

海水利用业。 "十二五" 以来，我国海水利用产业发展迅速。2011—2014 年海水利用业增加值年均增长 9.4%。海水淡化规模不断扩大，截至 2014 年年底，全国 9 个沿海省市已建成海水淡化工程 112 个，工程总规模达到 92.69 万吨/日。海水直流冷却、海水循环冷却应用规模不断增长，年利用海水作为冷却水量达 1 009 亿吨。大生活用海水技术的应用示范取得突破，建成青岛 "海之韵" 46 万平方米小区大生活用水示范工程。海水利用标准化工作进一步推进，截至 2014 年年底，全国已发布实施海水利用相关标准 89 项。

海洋药物与生物制品业。 "十二五" 以来，我国海洋药物与生物制品业规模迅速扩大，发展驶入快车道。2011—2014 年海洋药物与生物制品业增加值年均增长 19.6%，目前已经形成青岛、上海、厦门、广州为中心的 4 个海洋生物技术和海洋药物生产研发中心，突破了一批海洋药物关键技术，为海洋药物产业加快发展奠定了基础。2011 年以来，沿海地区相继申报获批的 6 个 "国

家科技兴海产业示范基地"中有三个基地（辽宁大连现代海洋生物产业示范基地、江苏大丰海洋生物产业园、福建诏安金都海洋生物产业园）是以海洋生物产业为主导的。山东、浙江、江苏等省通过建立海洋生物产业联盟方式，加速海洋生物产业领域产学研合作，壮大产业规模。

海上风电。"十二五"以来，我国海洋可再生能源业发展势头良好，2011—2014 年，海洋可再生能源业增加值年均增长25.3%。我国沿海地区海上风能资源丰富，发展前景十分广阔，但受制于海上风电稳定性差、海上风电投资成本高、企业投资热情低、配套电网相关设施建设相对滞后等因素，"十二五"以来，海上风电建设波动较大。2011—2013 年，海上风电新增装机容量分别为 109.6 兆瓦、127 兆瓦、39 兆瓦，2014 年快速增至 229.3兆瓦。截至 2014 年年底，我国已建成海上风电装机容量共计657.9 兆瓦，其中潮间带风电装机容量达到 434.5 兆瓦，近海风电装机容量为 223.4 兆瓦。

3. 海洋服务业带动效应明显，为海洋经济发展提供有力支撑

海洋交通运输业。"十二五"以来，我国海洋交通运输能力大幅提高。受国际市场需求下降影响，2011—2014 年我国海洋交通运输业增加值增速分别为 10.8%、5.2%、8.0% 和 6.9%。沿海港口总体保持良好发展态势，较好支撑了我国经济社会发展和对外开放的需要，2014 年沿海港口完成货物吞吐量和集装箱吞吐

量分别为91.3亿吨和1.9亿标准箱（TEU），较2010年分别增长了40.2%和36.7%。海运能力和实力进一步增强，船队运力达到1.42亿载重吨，约占全球海运船队总运力的8%，居世界第3位，初步形成了以大型干散货、油轮、集装箱船和杂货船为主，客滚船、特种运输船及液化天然气（LNG）船等为辅的现代化船队。随着沿海地区一批保税港区的建设推进，港口服务功能向现代物流、航运服务、综合保税等领域大力拓展。

海洋旅游和文化产业。受国内消费需求增长与国家鼓励政策的双轮驱动，"十二五"以来，我国海洋旅游业保持了较快增长态势。2011—2014年海洋旅游业增加值年均增长11.2%。海洋旅游业结构进一步优化，实现了由旅游观光型向观光休闲度假型转变。沿海岛屿旅游开发加快，成为海洋旅游新热点。邮轮、游艇等旅游新兴业态不断发展壮大，海洋度假区、海洋主题公园等新型旅游项目逐渐兴起，2014年我国大陆邮轮运营466航次，2010年以来平均每年增长22.3%。海洋文化产业繁荣发展。海洋文化活动规模和影响力逐年扩大，海洋文化创意产业初具规模，海洋文化遗产调查和保护进一步加强，重要沉船遗址的水下考古发掘和保护区建设逐步实施。

4. 海洋经济布局不断优化，沿海地区发展特色明显

北部海洋经济区。该区包括濒临渤海、黄海的辽宁、河北、天津和山东"三省一市"。该区域是我国北部沿海黄金地带，位于东北亚经济圈的中心位置，依托优良的自然地理条件，形成了

以天津、大连、青岛为中心的环渤海三大港口群和各具特色的海洋产业集群。海洋经济发展基础雄厚，海洋科研教育优势突出，是我国北方地区对外开放、参与经济全球化的重要区域，也是具有全球影响力的先进制造业基地、现代服务业基地和全国科技创新与技术研发基地。海洋交通运输业、海洋旅游业、海洋渔业和海洋油气业四大支柱产业对该区域海洋经济贡献率较大。初步核算，"十二五"以来，北部海洋经济区海洋经济年均增速（现价）达12.2%。2014年该区海洋生产总值为22 152亿元，占全国海洋生产总值的比重达到37.0%，占地区生产总值比重为16.6%。海洋三次产业结构由2010年的5.8∶52.6∶41.6调整为2014年的6.7∶49.1∶44.2，海洋第一产业和第三产业比重有所上升，海洋第二产业比重小幅下降。

辽宁省通过加快建设海洋牧场，大力推进各种立体化、健康海水增养殖模式，带动了海水养殖产业结构不断优化，2014年全省海水养殖总量达到289.0万吨，与上年相比增加6.4万吨。河北省逐步完善海洋工程装备制造产业体系，产品竞争力大幅提升，秦皇岛、唐山、沧州三大海洋装备制造基地初步形成。天津市着力推进港口转型升级，扩大无水港范围，2014年天津港货物吞吐量突破5.4亿吨。山东省加速海洋生物医药产业集聚，一批海洋生物医药企业集聚发展，崂山海洋生物特色产业园相关项目陆续投产，山东半岛蓝色经济区海洋生物产业联盟正式成立，山东海洋生物医药产业引领作用进一步凸现。

东部海洋经济区。该区包括濒临东海的江苏、上海和浙江"两省一市"。该区域位于西太平洋航线要冲，港口航运体系完善，是我国海洋运输最繁忙的区域，海洋经济外向型程度高，是我国加强对外开放和国际交流、维护国家海洋权益的战略地带，也是我国参与经济全球化的重要区域、亚太地区重要的国际门户、先进制造业基地和现代服务业基地。初步核算，"十二五"以来，东部海洋经济区海洋经济年均增速（现价）达9.1%。2014年该区海洋生产总值为17 739亿元，占全国海洋生产总值的比重达到29.6%，占地区生产总值比重为13.8%。海洋三次产业结构由2010年的3.6∶45.5∶50.9调整为2014年的3.8∶42.7∶53.5，海洋第一产业和第三产业比重上升，第二产业比重下降，"三二一"的产业结构基本稳定。

江苏省海洋船舶工业一直处于全国领先地位，2014年在全球船舶市场持续低迷的大背景下，海洋船舶工业增长压力加大，但江苏省造船完工量、新承接订单量、手持订单量三大指标始终居全国榜首。上海市围绕上海国际航运中心和自由贸易区建设，加快发展现代港航服务功能，航运金融、航运保险等现代航运服务体系逐步完善，航运金融、保险服务等机构加快聚集。浙江省海洋可再生能源业迈出可喜步伐，世界首台5兆瓦模块化大型海洋潮流能发电机组在岱山龟山水道海域正式开工建造，宁波市首个海岛风电场——象山檀头山风电场正式并入宁波电网发电运行。

南部海洋经济区。该区包括濒临东海和南海的福建、广东、广西和海南"三省一区"，由台湾海峡西岸、珠江口及其两翼、北部湾、海南岛沿岸及周边海域组成。该区域地处亚太经济中心地带，向西与印度洋相连，向东与太平洋相通，区位优势明显，海上互联互通程度高。该区域海域辽阔、海洋资源丰富，战略地位突出，是我国对外开放和参与经济全球化的重要区域，拥有全球影响力的先进制造业基地和现代服务业基地，同时也是保护与开发南海资源、维护国家海洋权益的前沿阵地。"十二五"以来，南部海洋经济区海洋生产总值稳步提高，区内海洋经济活跃、成绩凸显，初步核算，2011—2014 年海洋经济年均增长（现价）11.1%。2014 年该区海洋生产总值为 20 045 亿元，占全国海洋生产总值的比重达到 33.4%，占地区生产总值比重为 18.1%。海洋三次产业结构由 2010 年的 5.6∶44.8∶49.6 调整为 2014 年的 5.3∶42.9∶51.8，海洋第一产业和第二产业比重有所下降，第三产业比重小幅上升。

福建省大力发展涉海金融服务业，在全国率先开展无居民海岛使用权抵押贷款业务。截至 2014 年年末，海域使用权抵押贷款总额 87.35 亿元，同时开展海洋中小企业助保金贷款业务，累计授信贷款 6 亿元。广东省海洋旅游业逐步向高端化发展，深圳太子湾国际邮轮母港加快建设，广州、深圳、珠海、惠州、中山等地建成一批游艇码头。广西壮族自治区积极发展海洋修造船及海洋工程装备制造产业，加快推进中船集团广西钦州大型海工修造及保障基地项目。海南省旅游新业态不断壮大，三亚蜈支洲岛、西岛、陵水分界洲岛等海岛休闲度假游逐步兴起，西沙邮轮旅游实现常态化运营，2014 年海南省共吸引海内外游客 4 789.1 万人次。

5. 海洋产业科技创新成果丰硕，应用转化平台发展迅速

"十二五"以来，各有关部门深入实施"科技兴海"战略，先后设立了8个国家海洋高技术产业基地试点（广州、湛江、厦门、舟山、青岛、烟台、威海、天津）、6个全国海洋经济创新发展区域示范（山东、浙江、福建、广东、天津、江苏）、7个国家科技兴海产业示范基地（上海临港海洋高新技术产业化基地、辽宁大连现代海洋生物产业示范基地、江苏大丰海洋生物产业园、福建诏安金都海洋生物产业园、青岛海洋新兴产业示范基地、厦门海洋生物产业示范基地、广州南沙新区科技兴海产业示范基地）和3个工程技术中心（海洋生物资源综合利用工程技术研究中心、海洋遥测工程技术研究中心、国家海水利用工程技术研究中心）。涉海企业和单位相继组建了海洋监测、深海装备、海水淡化等产业技术创新联盟，一批海洋高技术企业和龙头企业快速成长，初步形成了中央地方上下联动、政产学研金相结合的科技兴海组织体系。海洋产业技术创新取得跨越式发展，深水3 000米第六代半潜式钻井平台、深水铺管起重船等深海油气勘探开发装备投入使用；兆瓦级非并网风电海水淡化系统技术研发取得突破，海水淡化设备国产化率由40%上升到当前的85%左右；百千瓦级潮流能和波浪能开发利用的技术研究和示范应用全面启动，潮汐发电技术、海上风电技术装备投入生产，海洋温差能、盐差能、微藻生物能研发有序推进；一批海洋候选药物成药性评价和

临床研究取得重要进展，海洋生物技术制品实现规模化生产。

6. 涉海基础设施建设实现跨越发展，公共服务能力进一步提高

"十二五"以来，一批重大涉海基础设施项目相继建成，涉海基础设施体系加快完善，航运服务能力大幅增强，江河、海运、铁路多式联运加快发展，服务能力与效率不断提升。2014 年末全国沿海港口生产用码头泊位达 5 834 个，比"十一五"期末增加了 381 个；其中，万吨级及以上泊位 1 704 个，比"十一五"期末增加了 361 个。青岛海湾大桥、胶州湾海底隧道、嘉绍跨海大桥、厦漳跨海大桥等一批跨海桥梁与海底隧道相继投入运行，加速了沿海各地区之间、大陆与岛屿之间生产要素的流动，促进了区域经济的融合发展。与此同时，涉海公共服务能力进一步增强，海洋信息体系建设不断完善，海洋立体监测和预报服务能力大幅提高，海洋防灾减灾应急体系与应急机制逐步建立，为保障和服务沿海经济社会发展做出了突出贡献。

7. 全国海洋经济发展试点工作扎实开展，积累了宝贵经验

自 2010 年 4 月国务院同意开展全国海洋经济发展试点工作以来，国家发展改革委相继批复山东省、浙江省、广东省和福建省、天津市等 5 省（市）试点地区工作方案，旨在通过开展海洋经济

发展试点，积极探索可复制、可推广的政策和实践经验，有效促进全国海洋经济发展。试点工作启动以来，各试点地区大胆创新、勇于实践，探索建立了高效有力的领导体制和工作机制，制定出台了一系列配套政策和资金支持措施，围绕区域特色和实际需求，牢牢把握推进试点工作的重要领域、重点任务和重点工程，着力推进海洋产业结构调整升级，不断优化发展布局，加快建立现代海洋产业体系，不断提升海洋经济发展层次和辐射带动能力，充分发挥了各地区的比较优势，促进了陆海统筹发展，增强了地区综合实力和竞争力。

8. 海洋经济政策措施稳步实施，海洋经济管理体制进一步完善

海洋经济政策措施相继出台。"十二五"以来，国家高度重视发展海洋经济。2011 年，《中华人民共和国国民经济和社会发展第十二个五年规划纲要》首次专章部署海洋经济工作。同年 12 月，国家发展和改革委员会与国家海洋局联合印发《围填海计划管理办法》，对围填海实行年度总量控制的指令性管理，明确规定了对围填海计划编报、下达、执行、监督考核等方面的要求。2012 年，党的十八大报告明确提出"提高海洋资源开发能力，发展海洋经济，保护海洋生态环境，坚决维护国家海洋权益，建设海洋强国"的战略部署，"推进海洋经济发展"成为"十二五"时期我国经济社会发展中具有全局意义的战略重点。同年 9 月 16 日，国务院印发了《全国海洋经济发展"十二五"规划》，确立

了"十二五"时期海洋经济发展的主要目标和重点任务，成为指导新时期我国海洋经济发展的行动纲领。"十二五"以来，全国人大及国务院发布了多项涉海法律法规及政策规划（见附表1），国务院各有关部门和沿海地方积极落实国家战略部署，分别制定发布了多项促进海洋经济发展的政策规划（见附表2和附表3）。

"中央＋地方"的海洋经济领导与协调机制进一步健全。为切实加强对海洋经济发展的指导，2014年1月，经国务院同意，由国家发展改革委牵头建立"促进全国海洋经济发展部际联席会议制度"，明确了联席会议的主要职责、成员单位和相关工作机制。部际联席会议制度涉及40多个部门和单位，为统筹协调海洋经济工作提供了机制保障，对于加强规划实施工作的指导、监督和评估，协调解决海洋经济发展政策与机制创新中的重大问题，促进各部门在海洋经济发展方面的信息沟通和相互协作等发挥了积极作用。同时，省级海洋经济发展领导小组及协调机制相继建立，沿海地区大多都成立了省委、省政府主要领导牵头的海洋经济发展领导小组，统筹协调海洋经济发展的重大事项（表4）。特别是山东省、浙江省、广东省、福建省和天津市5个海洋经济发展试点省（市），均建立了高效健全的领导体制和工作机制，为海洋经济发展试点工作提供了有力的组织保障。此外，以海洋经济发展为主题的浙江舟山群岛新区、青岛西海岸新区等国家级新区相继设立，海洋经济运行监测评估进一步强化，创新海洋科技成果产业化的体制机制不断完善，促进海洋发展的投融资政策措施出台实施，海洋经济宏观指导与调节能力逐步增强。

表4　部分沿海省（区、市）海洋经济发展领导小组及协调机制

省（区、市）	领导协调机构/机制
辽宁	成立了辽宁沿海经济带领导小组
河北	成立了河北省沿海地区发展规划实施领导小组办公室
天津	成立了天津海洋经济科学发展示范区建设领导小组，建立了市政府决策、市海洋行政主管部门统筹协调的海洋综合管理体制
山东	成立了由省委、政府主要负责同志任组长的蓝色经济区建设工作领导机构，领导小组办公室设在省发展改革委；省政府建立了重点工作协调推进制度，设立了海洋产业发展等11个协调推进组
江苏	成立了以省委书记为第一组长、省长为组长的江苏沿海地区发展领导小组，并设立了江苏省沿海地区发展办公室
上海	搭建了上海市海洋经济发展联席会议平台，涉及发展改革委、经信委、建管委、农委、交通委、环保局等20多个部门和单位，并建立由水务、海洋、环保、海事、渔政等部门和单位组成的海洋联合监管体系
浙江	成立了由省委书记任组长的浙江海洋经济发展示范区工作领导小组和省长任组长的浙江舟山群岛新区工作领导小组；同时成立了浙江省海洋经济工作办公室，设在省发展改革委，作为省海洋经济工作领导小组和省海洋经济发展试点工作协调推进小组的办事机构
福建	成立了由省长任组长的福建省加快海洋经济发展领导小组，领导小组办公室挂靠省发展改革委；沿海各市县政府均建立了相应的组织协调机制
广东	成立了由省长任组长的实施广东省海洋经济综合试验区规划领导小组
广西	成立了广西壮族自治区海洋工作领导小组

9. 海洋产业对外合作不断拓展，海洋经济"走出去"步伐加快

随着"21世纪海上丝绸之路"战略的实施，我国与周边国家以政策沟通、设施联通、贸易畅通、资金融通、民心相通为主要内容，在基础设施建设、经贸合作、金融合作、人文交流、公共服务等领域展开务实合作，相继获得巴基斯坦瓜达尔港、斯里兰卡科伦坡南港等海外重要港口运营权，投资缅甸皎漂深水港，承建印度尼西亚泗马跨海大桥项目，分别与新加坡、澳大利亚签署了旅游、教育培训等合作协议，与印度尼西亚建立了中国—印尼海洋与气候联合研究中心，与泰国签署了《关于建立中泰气候与海洋生态系统联合实验室的安排》等。近十年，中国与"海上丝绸之路"沿线国家的贸易额年均增长18.2%，占中国对外贸易总额的比重从14.6%提高到20%，中国企业对海上丝绸之路沿线国家的直接投资额从2.4亿美元扩大到92.7亿美元，年均增长44%。东盟已成为中国游客出境游的首选目的地，中国公民赴东盟旅游的出境人数占中国内地出境旅游人数的1/3。2015年6月29日，《亚洲基础设施投资银行协定》签署仪式在北京举行，50个意向创始成员国正式签署协定，"亚投行"的成立将有力促进亚洲地区基础设施建设联通水平和经济一体化进程。

第三节　主要经验

1. 加强组织领导、各方协调配合是基础

经国务院批准，由国家发展改革委牵头建立"促进全国海洋经济发展部际联席会议制度"，切实加强了对全国海洋经济发展工作的宏观指导和统筹协调。沿海地区在推进海洋经济工作中也普遍形成了"一个体系＋三个机制"的有益经验："一个体系"即领导体系，通过省、市、县成立由党委、政府主要负责同志任组长的海洋经济工作领导机构，定期研究海洋经济发展中的重大事项、协调解决重大问题，为海洋经济发展提供了有力的组织保障；"三个机制"即推进机制、考核机制和宣传机制，各沿海地区主动加强与国务院有关部门对接沟通，切实强化政策集成、资源整合、资金聚焦，科学谋划发展方向、重点与路径，着力加强舆论宣传引导，广泛凝聚共识，充分调动各方积极性，形成了齐心协力、共同推进海洋经济发展的良好局面。

2. 搞好顶层设计、创新体制机制是核心

"十二五"以来，国家发展和改革委员会、国家海洋局会同

有关涉海部门认真做好海洋经济宏观管理等顶层设计，编制实施了《全国海洋经济发展"十二五"规划》，深入开展全国海洋经济发展"十三五"规划的前期研究工作，开展全国海洋经济发展试点工作，研究实施海洋经济运行监测、统计核算与分析评估，全面推进第一次全国海洋经济调查。各沿海地区着力强化战略规划引导，建立了以国家级规划为指导，专项规划和重点区域规划为支撑，市县规划为基础的规划体系，明确了各地区海洋经济发展的指导思想、发展原则、战略定位、发展目标、空间布局、重点任务和保障措施，成为各地区促进海洋经济发展的纲领性文件。同时，各地区相应出台符合地方实际的促进海洋经济发展的配套政策意见，有力推动了海洋经济的发展。特别是全国海洋经济发展试点地区，积极探索促进海洋经济发展的体制机制，不断推出海洋管理制度的创新举措，积极探索要素市场化配置机制，完善岸线、海域使用权统一收储制度，开展区域用岛规划试点，健全无居民海岛集中统一管理制度；创新海洋海岛资源配置机制，按照海域、无居民海岛、岸线、关联陆域"四位一体"的模式，实行"统一综合收储、一级市场招拍挂、二级市场流转"的办法，形成按开发项目质量效益来市场化配置海洋资源的机制等。这些地区在海洋资源管理、海域使用权招拍挂、海洋科技创新平台建设、金融支持海洋经济发展等领域勇于实践，为"十三五"时期海洋经济的可持续发展积累了宝贵经验。

3. 突出地域特色、推进产业集群化发展是重点

国务院批复设立了浙江舟山群岛新区、青岛西海岸新区等以海洋经济发展为主题的国家级新区，国家发展和改革委员会、财政部、国家海洋局等有关部门开展了海洋经济创新发展区域示范、海洋高技术产业基地试点、科技兴海产业示范基地建设，进一步推动了海洋产业集群化发展。沿海各地区围绕区域资源优势，科学编制、深入实施高端、高质、高效海洋产业发展规划，培育了一批重点涉海项目和骨干企业，组建了若干海洋领域产业技术创新战略联盟，形成了一批海洋产业特色园区，成为推动海洋产业集群化、高端化发展的重要载体和平台，培育了发展新亮点，打造了发展新优势，形成了海洋产业集群化发展的格局，有力推动了海洋产业转型升级。"十二五"期间，山东省认定了 18 个省级海洋特色产业园，支持建立海洋产业技术创新联盟 21 家，目前全省市级以上海洋特色园区达 65 个，集聚企业 4 700 多家，海洋主营业务收入达 5 900 多亿元；浙江省规划培育建设 25 个规模优势强、海洋产业集聚度高、示范带动作用明显的海洋特色产业基地，加快推动海洋产业集聚发展等。

4. 统筹海陆联动、实现可持续发展是根本

"十二五"以来，国家和沿海地区秉承可持续发展理念，高度重视海洋生态环境保护和海洋可持续利用，遵循海洋自然规律

和经济发展规律，基于更大空间尺度和发展范畴，有效统筹陆海资源环境，支持对海洋、海岸进行可持续、安全和集约高效的开发利用，积极探寻与资源环境相匹配的海洋经济发展模式、路径，努力实现陆海经济联动、可持续发展。由国务院批复印发，国家发展和改革委员会、国家海洋局组织编制的《全国海洋主体功能区规划》，将进一步推动形成经济发展与海洋资源、海洋生态环境相协调的海洋空间开发利用保护格局。

第二章 2014 年我国海洋经济发展情况

第一节 总体情况

初步核算，2014 年全国海洋生产总值 59 936 亿元，比上年增长 7.7%，海洋生产总值占国内生产总值的 9.4%。其中，海洋产业增加值 35 611 亿元，海洋相关产业增加值 24 325 亿元。海洋第一产业增加值 3 226 亿元，第二产业增加值 27 049 亿元，第三产业增加值 29 661 亿元，海洋第一、第二、第三产业增加值占海洋生产总值的比重分别为 5.4%、45.1% 和 49.5%。据测算，2014 年全国涉海就业人员 3 556 万人。

海洋产业总体呈现平稳发展态势。海洋传统产业加快转型升级步伐，海洋渔业整体保持平稳增长，大宗水产品交易活跃；海洋船舶工业产值持续增长，造船完工量、新承接船舶订单和船舶出口额及主营业务收入等主要指标都呈上升趋势；受国际原油价格大跌影响，海洋油气业发展呈现出"量增值减"态势。海洋战略性新兴产业增速继续处于领先地位，海洋可再生能源业发展势头良好，海上风电加快发展；海水利用业取得较快发展，全国海水淡化工程总体规模稳步增长；海洋生物医药业实现较快增长，一批海洋生物医药工程技术研究中心、产业联盟、特色产业基地等获批建设。海洋服务业继续发挥带动区域经济发展和就业作用，海洋交通运输业运行稳中偏缓，一系列促进海洋交通运输业和港口升级等的文件出台；海洋旅游业快速增长，配套基础设施不断完善，滨海旅游景区进一步升级，沿海各地海洋文化活动丰富开展。

第二节　发展亮点

1. 海洋经济宏观管理能力进一步提升

建立部际联席会议制度。2014 年 1 月，国务院批复建立"促进全国海洋经济发展部际联席会议制度"，为统筹协调海洋经济工作提供了机制保障，协调解决海洋经济发展政策与机制创新中的重大问题。开展首次全国海洋经济调查。为摸清海洋经济"家底"，完善我国海洋基础信息体系，2014 年，全国海洋经济调查领导小组召开第一次会议，编制印发了第一次全国海洋经济调查总体方案、管理办法和实施方案。加快布局以海洋经济为主题的国家级新区。继浙江舟山群岛新区设立后，2014 年 6 月，国务院批复设立青岛西海岸新区，旨在进一步优化海洋经济发展空间布局，促进海洋经济转型升级与结构调整，辐射带动区域经济活力。

2. 金融支持海洋经济发展迈出新步伐

作为落实《全国海洋经济发展"十二五"规划》关于"财税金融政策促进海洋经济发展"的重大举措，2014 年 11 月，国家海洋局与国家开发银行联合印发了《关于开展开发性金融促进海洋经济发展试点工作的实施意见》，提出通过开展试点工作，探索以结构化融资、产业链融资、集合融资、海岛使用权融资、股权投资等方式，推动建立健全开发性金融服务平台，支持海洋经济发展，促进海洋产业发展转型升级。同时，各金融部门不断加大对沿海地区海洋经济的金融支持力度，继山东、浙江、天津、福建等省（市）分别与多家金融机构签署战略合作协议之后，2014 年广东省与国家开发银行广东省分行签订《开发性金融支持广东海洋强省建设合作备忘录》，提出 5 年内授信 550 亿元，支持广东海洋强省建设。

3. 海洋科技创新平台加快建设

2014 年，国家发展和改革委员会、国家海洋局联合下发《关于在广州等 8 个城市开展国家海洋高技术产业基地试点的通知》，在广州等 8 个城市开展国家海洋高技术产业基地试点工作，通过试点工作，推动海洋高技术产业向高端发展、集聚发展，加强高技术产业技术创新，壮大海洋高技术产业规模。国家海洋局联合科技部全面总结了《全国科技兴海规划纲要（2008—2015年）》阶段实施成效，海洋科技创新基地平台日益完善，新认定青岛等3个国家科技兴海产业示范基地，完成海水淡化工程运行监测及评估系统3个新增试点建设。

4. 海洋经济"走出去"迈上新台阶

2014年，为贯彻落实建设"21世纪海上丝绸之路"的战略部署，我国不断加深与沿线国家在海洋领域的全方位合作，推进与马尔代夫、斯里兰卡等南亚国家海洋领域合作，拓展与澳大利亚、新西兰、瓦努阿图等南太平洋国家海洋与南极事务合作，与希腊共同举办"中希海洋合作论坛"，签署政府间海洋领域合作协议等。

第三节　存在问题

在取得巨大发展成绩的同时，我国海洋经济仍然存在着发展不平衡、不协调等问题，制约海洋经济持续健康发展的一些重点领域和关键环节的改革创新亟待突破。

（1）近海资源开发秩序亟待规范。滩涂、河口、海湾区等近岸海域和岸线资源开发不尽合理，各类资源开发活动相互交织，无序开发和过度开发问题突出。海洋资源承载能力下降，对我国海洋经济可持续发展带来巨大挑战。

（2）海洋产业同构和重复建设问题依然存在。沿海地区海洋产业发展特色不突出，存在同质化竞争。海洋主导产业差异性不足，部分产业发展存在产能过剩等问题；临港重化工业一定程度上存在重复建设的现象，产业集聚效应和规模效应有待进一步发挥。

（3）海洋科技创新能力有待提高。海洋科技创新体制机制尚不完善，创新能力有待加强，总体发展水平与发达国家存在一定差距，尚未建立起以企业为核心的海洋科技创新体系，海洋科技创新对我国海洋产业转型升级的支撑能力亟待提高。

（4）近岸海洋环境污染形势依旧严峻。除海洋保护区生态状况基本保持稳定、海水增养殖区和旅游休闲娱乐区环境质量总体良好外，近岸局部海域海水环境污染依然严重，河流排海污染物总量居高不下，监测的河口和海湾生态系统多数仍处于亚健康或不健康状态，赤潮和绿潮灾害影响面积较上年有所增大，局部砂质海岸和粉砂淤泥质海岸侵蚀程度加大，渤海滨海地区海水入侵和土壤盐渍化依然严重。

（5）制约海洋经济发展的体制机制问题还比较突出。海洋经济管理的统筹协调能力有待加强，尚未形成促进海洋经济发展的有效机制，海洋经济规划监督实施缺乏有力手段，陆海统筹和海洋产业协调力度不够，区域合作互动发展薄弱。

第三章　我国海洋经济发展趋势展望

第一节　机遇挑战

从国际看，经济全球化深入推进，国际产业分工转移加快，科技创新孕育新的突破，新技术的推广应用促进了海洋经济结构转型升级。同时，受国际金融危机影响，全球经济发展和市场需求仍存在诸多不确定性，各种形式的保护主义抬头，美国主导发起了泛太平洋战略经济伙伴关系协议（TPP）和跨大西洋贸易与投资伙伴关系协定（TTIP）谈判，试图建立排挤性的区域贸易新格局；随着能源资源竞争的不断加剧，围绕海洋资源的权益争夺将愈演愈烈；美国全球战略重心进一步移向亚太，导致部分周边国家借势挑战我国核心利益，我国周边地区的地缘政治关系更加复杂多变；地区性摩擦和冲突频发，主要国际航线面临的非传统安全领域威胁日趋严峻；海洋生态环境约束日益显现，全球气候变化与海洋灾害影响加剧等问题更加突出，这些因素对我国海洋经济发展提出了严峻挑战。

从国内看，我国综合国力稳步增强，"一带一路"、京津冀协同发展、长江经济带三个重大战略加快实施，农业现代化、工业化、城镇化、信息化深入推进，经济发展方式加快转变，市场需求潜力不断扩大，科技教育水平显著提升，基础设施日趋完善，为海洋经济加快发展提供了重大机遇与有力支撑；我国与韩国、澳大利亚、新西兰等双边自贸谈判取得突破，中日韩自贸协定、《区域全面经济合作伙伴关系》（RCEP）以及中国—东盟自贸协定（"10＋1"）等多边贸易协议进一步深化，我国倡导的亚太自由贸易区前期研究工作正式启动，上海、天津、广东、福建自贸区相继设立等，有力促进了我国经济社会各领域扩大开放，为我国加快实施海洋经济"走出去"战略，推进海洋经济在更广范围、更大规模、更深层次上参与国际合作与竞争提供了良好条件；科学技术水平和成果转化实现了飞跃发展，制造业实力显著增强，服务业增长势头明显，国内需求市场潜力巨大，为推动我国在全球产业分工格局中实现产业价值链由低端向高端转变，加速海洋产业转型升级提供了基础和动力。同时，我国经济发展进入新常态，经济由高速增长向中高速增长转变，国内经济下行压力加大，在"增长减速"和"结构调整"的宏观形势之下，海洋经济实现了"软着陆"，并进入了深度调整期；海洋经济发展中不平衡、不协调和不可持续的问题依然突出，粗放增长方式尚未得到根本转变，产业结构和布局不尽合理，部分产业产能过剩，自主创新和技术成果转化能力有待提高，保障发展的体制机制尚不完善，资源与生态环境约束加剧，这些因素仍制约着我国海洋经济的持续健康发展。

第二节　趋势展望

1. 海洋经济总体发展趋势良好

受全球经济和我国宏观经济增速放缓影响，我国海洋经济发展也由高速增长期进入了深度调整期。虽然"十二五"以来海洋经济增速有所下降，但2012年以后下降的幅度开始收窄，海洋经济企稳特征明显。从海洋产业内部结构来看，当前，海洋工程装备制造业、海水利用、海洋药物与生物制品、海洋可再生能源等战略性新兴产业发展迅速，产业技术研发、推广和应用不断加快，产业化水平进一步提高，将进一步拉动海洋经济增长。综合各方面因素，2015年我国海洋经济发展增速将与国民经济发展态势基本一致，有望实现《全国海洋经济发展"十二五"规划》确定的年均增速8%的预期目标。随着海洋强国战略和建设"21世纪海上丝绸之路"战略的深入实施，海洋经济将成为国民经济发展的新亮点和新动力。

2. 海洋经济结构调整力度将进一步加大

"十二五"以来，我国海洋经济第一产业和第三产业比重有所提高，第二产业比重有所下降，海洋三次产业结构进一步优化。

2015 年我国海洋经济将继续以改造提升海洋传统产业、培育壮大海洋新兴产业、积极发展海洋服务业、提高产业增长质量、实现产业的协调发展为主要方向，海洋产业结构调整的步伐将进一步加快。海水养殖业绿色生产和水产品综合开发利用水平将进一步提高；高技术船舶、海洋工程装备及关键配套设备制造能力将明显增强；海水淡化成本将进一步下降，海水淡化应用范围将进一步扩展；以休闲渔业、邮轮旅游和游艇帆船为主体的海上运动休闲旅游等高端旅游项目将进一步壮大；涉海金融机构、金融产品和服务领域将不断发展，海洋金融服务体系将进一步完善。

3. 海洋经济对外开放水平进一步提高

随着"一带一路"战略的深入实施以及上海、天津、广东、福建自贸区的逐步运行，2015 年及今后一个时期，我国与周边国家将在基础设施互联互通、经贸合作、产业投资、能源资源合作、金融合作、人文交流、生态环境合作、海上合作等重点领域开展进一步务实合作，海洋经济对外开放速度和规模都将大幅提升，海洋经济的对外合作将迈上更高的水平。

第三节 2015 年工作重点和方向

2015 年是"十二五"收官之年，也是全面深化改革的关键之年。海洋经济要深入贯彻党的十八大、十八届三中、四中全会精神，主动适应我国经济发展新常态，坚持稳增长、促发展、调结构、惠民生的政策取向，加快推动海洋经济向质量效益型转变，促进海洋经济平稳、健康、持续发展，使海洋经济成为推动国民经济发展的新动力，为实施海洋强国战略奠定坚实的经济基础。

做好"十二五"规划评估和"十三五"规划编制。评估《全国海洋经济发展"十二五"规划》实施情况，研究编制评估报告。开展《全国海洋经济发展"十三五"规划》编制工作，做好规划前期研究和专题调研。梳理"十三五"全国海洋经济发展的重大工程、重大项目和重大政策，提高规划编制的科学性、前瞻性和可操作性，提升通过规划对海洋经济进行宏观指导和统筹推进的能力。

推进全国海洋经济发展试点工作。充分发挥促进全国海洋经济发展部际联席会议制度的作用，进一步加强对试点工作的支持和指导，强化部门之间的统筹协调，细化落实有关政策措施，全面总结试点地区工作情况，深入评估规划实施效果，总结梳理可复制、可推广的有益经验，为其他沿海地区发展海洋经济提供示范和借鉴。广泛听取有关方面意见，研究制定促进海洋经济发展的政策意见。

引导金融资本支持海洋经济发展。会同国家开发银行，开展开发性金融促进海洋经济发展试点工作，制定有关项目申报、评审的配套办法和措施，推进试点地区项目申报推荐并获得贷款资金支持。争取中央和地方财政资金加大对海洋经济支持力度。积极拓展与中国银行等金融机构的合作。推动建立涉海投融资服务平台和海洋产权交易中心等，形成多元化资本投入海洋产业发展的体制机制。

切实加强围填海计划管理。加强对围填海计划指标使用情况的动态监管，组织开展对部分沿海省份围填海计划执行情况的监督检查。结合全国和各省（区、市）海洋功能区划（2011—2020年）确定的围填海控制规模，在认真总结"十二五"全国围填海计划执行情况的基础上，研究开展"十三五"全国围填海计划管理工作。完善围填海计划管理有关办法，进一步细化考核和奖惩机制。

充分发挥海洋经济在"21世纪海上丝绸之路"建设中的作用。深入贯彻落实《推动共建丝绸之路经济带和21世纪海上丝绸之路的愿景与行动》，发挥沿海地区的积极性和自主性，以重大项目、重大工程和重大政策为抓手，以新能源与可再生能源、海水淡化、海洋药物与生物制品、海洋工程技术、环保产业和海上旅游等领域为重点，合作建立一批海洋经济示范区、海洋科技合作园和海洋人才培训基地等，打造企业投资合作平台，引导涉海企业走出去。

提升海洋经济监测评估业务能力。完善海洋经济监测评估管理体系，提升海洋经济监测评估及统计核算的业务化和信息化水平。健全海洋经济监测评估技术体系，丰富海洋经济运行产品。建立完善海洋经济数据会商机制，搭建国务院涉海部门之间、国家与地方之间、地方与地方之间的数据共享和交流合作平台，推进省级海洋经济运行监测与评估系统建设。

全面开展第一次全国海洋经济调查。加强组织保障和制度保障，成立各级联动的调查组织机构，组建调查队伍。制定调查系列标准规范和管理制度，做好宣传动员和培训工作。建设海洋经济基础信息平台，建设海洋经济调查数据库及管理系统，为调查工作的顺利实施奠定基础。

切实做好海洋经济发展宣传工作。切实加大宣传力度，与有关媒体开展战略合作，多层次、全方位开展海洋经济发展方面的宣传工作。重点做好海洋经济重大政策解读、海洋经济运行产品发布解析，以及全国海洋经济调查等的宣传工作，加深社会公众对海洋经济发展的认识，为开展海洋经济工作营造良好的舆论氛围。

第二篇　全国海洋经济发展试点地区分报告

第一章　山东半岛蓝色经济区

2011 年，国务院批复《山东半岛蓝色经济区发展规划》（国函〔2011〕1 号，以下简称《规划》），同年，国家发展改革委批复《山东半岛蓝色经济区改革发展试点工作方案》（发改地区〔2011〕79 号，以下简称《方案》）。试点工作开展以来，山东省委、省政府按照《规划》《方案》的要求，积极探索海洋经济科学发展之路，加快建设具有国际先进水平的海洋经济改革发展示范区，有力地促进了海洋经济持续快速发展，海洋经济已成为全省经济发展的新动力，为加快推进富民强省建设积累了发展经验，在全国海洋经济中的地位日益提升。

第一节　山东半岛蓝色经济区建设情况

（1）海洋经济总体实力显著提升。山东海洋经济总量始终位于全国前列，现已基本形成较为完备的海洋产业体系。2014 年，主营业务收入过 10 亿元的海洋优势产业集群达到 85 个，50 亿～100 亿元的 25 个,超过 100 亿元的 21 个。海陆基础设施不断完善,沿海港口、公路、铁路、航空、管道网络建设进程加快,水利、能源和通信等设施建设取得新进展,对海洋经济发展的支撑保障能力不断增强。

(2)海洋产业结构不断优化。海洋产业转型升级不断加快,沿海七市以海洋生物、装备制造、能源矿产、海洋化工、海洋水产品精深加工等产业为重点,形成了一批主导产业和特色产业,打造了一批带动能力强的海洋优势产业集群。海洋第一产业优化发展,高效、生态、品牌渔业发展取得显著成效,2014 年全省海水产品总产量 746.1 万吨,同比增长 6.7%。其中,因近海资源持续衰退,海洋捕捞 229.7 万吨,同比下降 0.8%;海水养殖 479.9 万吨,增长 5.1%。远洋渔业发展迅猛,2014 年产量达到 37.5 万吨,同比增长 232%。海洋第二产业不断壮大,海洋船舶、海洋工程装备业快速发展,半岛高端海洋制造业基地初具规模。2014 年,船舶工业主营业务收入 629 亿元,出口交货值 242 亿元,同比分别增长 13%、43%;海洋生物医药产业体系基本形成。海洋第三产业快速发展,2014 年,沿海港口、运输、旅游业稳步增长,沿海港口完成 12.8 亿吨,同比增长 8.8%,其中外贸 6.6 亿吨,集装箱 2 256 万标准箱。累计完成客运量 1 321 万人次,同比增长 14.0%。滨海地区接待国内游客 26 475.5 万人次,实现国内旅游收入 2 854.4 亿元,分别占全省的 44.4% 和 50.0%,同比分别增长 9.8% 和 14.0%,海洋产业结构日趋合理。

(3)海洋科技支撑能力显著增强。新增了一大批海洋科技创新平台,实施了蓝色产业领军人才支持计划,海洋科技研发力量得到进一步加强，青岛、烟台、威海 3 市成为国家首批海洋高技术产业试点城市，数量居全国之首，科技对海洋经济的贡献率大幅提高。沿海省级以上海洋科技平台达到 236 个，其中国家级 46 个，30 多个处于世界领先水平。全省海洋领域国家工程技术研究中心达到 6 家，总数居全国首位；海洋领域省级工程技术研究中心 43 家，新增海水健康养殖等省级工程技术研究中心 22 家，省级以上重点实验室 4 家。科技成果转化步伐加快，共建成省级以上工程（技术）研究中心、企业技术中心和重点实验室 724 个。组织实施了一批重大科研项目，其中承担国家"863""科技支撑计划"等国家重大专项 247 项，转化、转移高校科技成果 491 项。中国海洋人才市场（山东）揭牌运营，全国首个中国蓝色经济引智试验区在日照设立。人才引进培养成效显著，2013 年共引进"泰山学者"蓝色产业领军人才团队 19 个，高层次海外专家 200 多人次，拥有海洋领域"两院"院士 22 人。按照国家海洋局和财政部有关要求，2014 年全年共征集海洋经济创新发展区域示范项目 206 项，经国家海洋局、财政部组织评审确定 37 个入库项目，下达项目经费 2.6 亿元，积极推动海洋经济创新发展区域示范建设工作有序开展。

（4）海洋生态文明建设取得显著成效。海洋生态文明建设示范区创建在全国率先突破，威海市、日照市、长岛县入选首批国家级海洋生态文明建设示范区，建成潍坊昌邑等 10 个省级海洋生态文明示范区。全省已建立国家级海洋公园 9 个，国家级海洋保护区 30 个，各类省级以上海洋保护区达到 67 个，总面积约 80 万公顷，海洋保护区数量和面积均居全国前列。全省破损岸线治理率达74%，符合国家一类、二类海水水质标准的海域面积约占山东省毗邻海域面积的92%。

（5）海洋综合管理水平稳步提升。建立了海域动态监管、海洋监视监测和海洋渔业安全环境保障服务系统，组建了山东省海洋与渔业监督监察总队，健全了公安、渔政、海监、海事等涉海部门联合维权执法机制。建立各级海洋环境监测机构41处，基本形成了覆盖全省沿海的海洋环境监测预报网络。严格实施以海洋功能区划为基础、海域权属管理、海域有偿使用相衔接的三项基本制度，进一步优化审批程序，严把审批质量，海域使用形成了有序、有度、有偿局面。努力转变管海用海方式，大胆探索集中集约用海新途径，为山东省海洋经济科学发展提供了新的动力和支持。

（6）"海上丝绸之路"建设取得新进展。山东省委、省政府将"海上丝绸之路"建设工作列入省委常委会工作要点和2014年度重要改革事项，加快推进，各项工作取得积极进展。先后举办了新加坡上市及债券融资研讨会、柬埔寨境外企业座谈会。大力推动高层互访，促进各领域交流合作。大力开展境外产业投资，已在泰国、印度尼西亚、马来西亚等东南亚国家建立天然橡胶生产基地；在印度尼西亚、澳大利亚建立了铜、铝土、煤炭资源供应基地；在东南亚、南太平洋有关国家建立了远洋渔业基地；在东盟、南亚地区开展了服装、棉花加工、日用轻工、建筑材料等劳动密集型产业合作。加快建设东亚海洋合作平台，建设以青岛为核心平台、其他沿海市为支撑的多点综合体系。积极开展宣传推介，先后举办了海洋新兴产业和蓝色硅谷建设论坛、青岛建设新亚欧大陆桥头堡参与国家"丝绸之路经济带"和"21世纪海上丝绸之路"战略研讨会、2014年中国航海日论坛、中国·青岛海洋国际高峰论坛等活动，营造了良好的发展氛围。

第二节　下一步重点工作

（1）抢抓"一路一带"战略机遇，加速拓展蓝区发展新空间。认真贯彻落实"山东省落实国家'丝绸之路经济带'和'21世纪海上丝绸之路'建设战略规划"，扎实做好区内各市的具体规划编制工作，抓点带面，不断开拓蓝区发展新空间，打造对外开放的桥头堡群。积极推进区内各市深化与"海上丝绸之路"经济带沿线国家的交流与合作，积极搭建海洋领域贸易合作、金融合作、能源合作、人文合作等五大领域的平台。协调推进东亚海洋合作平台、潍坊"东亚畜禽交易所"、渤海海峡跨海通道、海外远洋渔业基地等重点项目建设，搭建对外交流合作新载体。

（2）加快园区提质增效，推动海洋产业集聚健康发展。进一步抓好规划确定的青岛西海岸新区、潍坊滨海新区、青岛蓝色硅谷、日照国际海洋城等"四区三园"和海洋特色产业园建设与发展。重点加快推进青岛西海岸新区建设，着力打造特色鲜明的国家级海洋经济新区。充分发挥青岛西海岸新区引领示范作用，开展体制机制创新，支持烟台东部、潍坊滨海、威海南海等海洋经济新区积极创建国家级新区。加快推动青岛中德生态园、日照国际海洋城、潍坊滨海产业园建设，探索海洋经济中外合作新模式。

积极开展省级海洋特色产业园的评定工作，加大支持力度，提升承载能力，引导项目集聚，形成若干产业配套完备、布局合理有序、综合竞争力强的产业集聚区。

（3）引领产业转型升级，推进海洋经济结构优化创新。重点抓好现代海洋生物、海洋装备制造、海洋化工、海洋水产品精深加工、滨海旅游及海洋交通运输物流五大产业，大力发展海洋战略性新兴产业，进一步调整产业结构，拉长、优化产业链。推动海洋生物、海洋装备制造等四大海洋产业联盟规范发展，充分发挥联盟在政府与企业间、企业与企业间的桥梁纽带作用，支持联盟开展联合研发，共同研究本行业面临的共性问题，优化产业链、提升价值链，促进涉海企业抱团发展。探索研究建立蓝区公共服务平台，打造新常态下蓝色经济区发展新引擎。扎实推进青岛、烟台、威海国家海洋高技术产业基地，青岛、烟台国家创新型试点城市，青岛、烟台、潍坊国家电子商务示范城市和青岛、潍坊、威海国家信息惠民试点城市的建设。深入实施《"泰山学者"蓝色产业领军人才团队支撑计划》和"科技创新平台升级工程"，组建运行好青岛海洋科学与技术国家实验室，为区内海洋产业实现创新发展奠定坚实基础。

（4）强化生态文明建设，树立"美丽山东"新典范。扎实做好《山东省海岸线保护规划》修编工作，加快《山东省海岸线保护规划》推进实施，指导各市做好海岸线修复工作。完善对主要入海河流的"治用保"体系，力争2015年消除主要入海河流劣五类水质断面。

第二章　浙江海洋经济
发展示范区

2011年2月，国务院批复《浙江海洋经济发展示范区规划》（国函〔2011〕19号，以下简称《规划》），同年，国家发展改革委批复《浙江海洋经济发展试点工作方案》（发改地区〔2011〕0567号，以下简称《方案》）。试点工作开展以来，浙江省委、省政府高度重视，深入贯彻落实建设"海洋强省"战略决策，扎实推进海洋经济发展，各项工作取得积极成效。

第一节　浙江海洋经济发展
示范区建设情况

（1）海洋产业结构持续优化，现代海洋产业较快发展。海洋经济三次产业结构更趋优化，对经济拉动的贡献度不断提升。2014年全省规模以上临港石化工业企业完成销售收入2 730亿元；船舶工业完成总产值965亿元；海洋旅游接待国内外游客约3.5

亿人次，海洋旅游收入 4 386 亿元；海水产品总产量 468 万吨，远洋渔船近 500 艘，产量 49 万吨，产值 39 亿元，船数和产量已连续两年位居全国首位；全省已建成海水淡化站 32 台（套），总产能 16 万吨/天，居全国前列。海洋工程装备、海洋清洁能源、海洋医药与生物制品等海洋新兴产业发展态势良好。杭州大江东和宁波杭州湾临港先进制造业、舟山船舶制造转型升级、台州三门等清洁能源、绍兴海洋生物医药、杭州海水淡化装备制造等区块，集聚态势形成，发展势头良好。

（2）基础设施加快完善，港航服务能力进一步提升。近年来，北仑四期集装箱码头、大榭实华 45 万吨原油码头、宁波—舟山港 15 万吨级条帚门航道、舟山跨海大桥、宁波象山港大桥等一批重大涉海基础设施项目建成投用；台州头门港区、舟山鼠浪湖矿石中转码头、甬台温高速复线、温州大门大桥等重大在建工程加快建设。目前，全省已建成万吨级以上深水泊位 210 个，吞吐能力达 12.5 亿吨。2014 年全省沿海港口货物吞吐量达 10.8 亿吨，集装箱吞吐量 2 136 万标箱，分别比 2009 年增长 52.1% 和 91.1%。其中宁波—舟山港完成货物吞吐量 8.7 亿吨，已连续 6 年雄踞全球海港首位，集装箱吞吐量达 1 945 万标准箱，居全球第 5 位，国际枢纽港地位进一步确立。

（3）海洋科教事业稳定发展，支撑能力不断增强。目前，全省已拥有涉海类高校 21 所、涉海类省重点学科 40 个、涉海科研院所 13 家、国家级海洋研发中心（重点实验室）4 家、海洋科技创新平台 15 家。部省（市）科教合作进一步增强，国家外国专家局与省政府签署合作共建"中国海洋科技创新引智园区"框架协议，国家海洋局与宁波市签署关于共建宁波大学的协议。浙江海洋学院即将升格为浙江海洋大学。浙江大学海洋学院顺利建成，校区主体工程基本完工，已于 2015 年 9 月份招生使用。宁波诺丁汉国际海洋经济技术研究院正式挂牌运作，已开始从海洋新材料与新装备、港航物流服务两个方向招收博士生。舟山海洋科学城建设加快推进，落户了国家首个"北斗"海洋应用示范基地项目。宁波海洋生态科技园规划建设正在加快推进。温州海洋科技创业园主体工程已完工。

（4）体制机制创新有序推进，海洋经济发展活力不断增强。浙江省委、省政府建立了以省委书记和省长为组长、省级相关部门和沿海市为成员单位的浙江海洋经济发展示范区工作领导小组和舟山群岛新区领导小组。省政府批准设立了象山、洞头、玉环、嘉兴滨海和大陈 5 个省级海洋海岛开发保护试验区，为推进海洋经济重点领域先行先试积累经验。省人大常委会颁布实施了《浙江省海域使用条例》，明确凭海域使用权证可直接办理基本建设项目的相关手续。舟山市设立了海域海岛使用权储备（交易）中心，宁波象山县设立海洋资源管理中心，在海洋资源储备交易方面先行先试。无居民海岛开发利用有序推进，浙江省发放了全国第一本无居民海岛使用权证（宁波象山旦门山岛），成功举办了全国第一场无居民海岛使用权公开拍卖活动（宁波象山大羊屿岛）。根据李克强总理在浙江考察时的指示精神，省政府于 2014 年 11 月下旬启动了舟山江海联运服务中心规划建设相关工作，目前相关工作正在扎实推进。2015 年 8 月，省委、省政府决定组建浙江省海洋港口发展委员会（省海港委）和浙江省海港投资运营集团有限公司（省海港集团），整合统一全省沿海港口及有关涉海涉港资源和平台，加快海洋和港口经济一体化、协同化发展。目前，省海港委、省海港集团各项组建筹备工作正在积极推进之中。

（5）生态环境保护不断加强，海洋环境质量有所改善。省级有关部门编制实施《浙江省海洋环境保护"十二五"规划》等专项规划，组织实施"811""海盾""碧海""护岛"等海洋环保专项行动。浙江省重点领域污染整治深入推进，主要入海污染物总量得到控制，区域性环境污染被有效遏制，全省近岸海域海洋环境质量保持基本稳定。实施了一批包括重点海岛、海湾、海岸带在内的综合整治修复及保护项目，已设立省级以上海洋自然保护区和海洋特别保护区 13 个、水产种质资源保护区 13 个、水产增殖放流区 11 个。2014 年 7 月 18 日，省委、省政府出台了《关于修复振兴浙江渔场的若干意见》，开展了以打击涉渔"三无"船舶（无船名号、无船籍港、无船舶证书的渔船）和整治"船证不符"、禁用渔具和污染海洋环境行为的"一打三整治"专项执法行动，修复振兴浙江近海渔场，促进海洋渔业可持续发展。同时，积极推进杭州湾、乐清湾、三门湾、象山港等重点海湾海水质量综合整治工作。

第二节　下一步重点工作

（1）合力推进海洋经济发展体制机制创新。一是推动全省海港一体化、协同化发展。加快省海洋港口发展委员会组建相关工作，积极推进全省沿海港口统筹发展，抓紧修订涉及海港管理的相关地方性法规。研究编制浙江省海洋港口发展"十三五"规划。二是建立完善全省海洋资源统筹管控机制。加快组建省海洋资源收储中心，理顺相关法律法规和政策机制，积极开展海域、海岛、海岸线等海洋资源在储备、交易和使用等方面的先行先试。三是深化大小洋山开发战略和运行机制研究。创新浙沪合作模式，积极推进小洋山北侧陆域与大洋山的一体化规划、推进建设江海联运集装箱服务基地、现代港航物流服务基地。

（2）着力推进舟山江海联运服务中心规划建设。一是积极推进舟山江海联运服务中心总体方案修改完善和报批，以"建设世界一流的现代化枢纽港、全球最大的大宗商品储备加工交易基地、国际一流的现代海事航运服务基地、高效便捷的多式联运综合交通体系"为目标，以港口码头、大宗商品储备交易加工、现代航运服务、多式联运体系等一批重大项目建设为支撑，全面启动和推进舟山江海联运服务中心建设。二是加强舟山江海联运服务中心政策机制创新。积极争取江海联运便利化、航运金融服务、航运税收改革、开放合作、资源要素保障等一批重点支持政策。

（3）聚力推进舟山群岛新区建设。一是继续推进舟山港综合保税区建设。拓展本岛分区服务功能，推进衢山分区基础设施和监管设施建设，争取2017年9月底前封关运作。加快保税燃料油供应中心建设，争取保税燃供地方资质等政策突破。接轨上海自由贸易试验区，争取复制实施一批自贸区试点经验成果。二是加快舟山国际绿色石化基地项目核准的相关工作，争取一期场地尽快开工建设。三是继续推进新区体制机制创新。加强资产整合，推进海洋资源管理改革创新，在海岸线利用管理、重要海岛开发等方面形成可复制经验，加强海上综合执法的改革创新。

（4）大力推进现代海洋产业发展。一是培育建设一批海洋经济重点产业区块。突出主导产业和主体功能，重点推进舟山港综合保税区、小洋山北侧围涂区块、象山临港工业装备产业区块、台州临海头门港区、温州洞头大门区块、嘉兴滨海区块、宁波石化开发区块等一批发展基础较好、引导带动作用较强的重点区块建设，尽快形成海洋经济发展新的增长点。二是着力推进一批重要产业项目建设。加快推进舟山三门核电一期、象山国际水产物流园、宁波梅山湾港城项目等一批现代海洋产业项目建设。三是积极推进海洋科技研究和成果转化。推进舟山海洋科学城、北大舟山海洋研究院等海洋科技创新平台建设，深化产学研合作，提高海洋经济发展的科技贡献率。

（5）全力推进海洋经济重大项目建设。一是组织实施年度海洋经济发展重大建设项目计划。推进一批沿海和海岛基础设施、港航物流服务体系、海洋科教和生态保护等领域的重大项目，2015年度计划完成海洋经济项目投资2 500亿元以上。二是加大海洋经济重大项目招商引资力度。加强与世界500强企业、中央企业、浙商以及国内民营大企业集团的对接，争取签约落地一批涉海重大项目。三是强化海洋经济项目建设要素保障。加快推进省海港集团实质性运行，切实发挥其在重大涉海项目建设中的投融资主平台作用。加强重大涉海建设项目的土地、资金、人才、环境容量等要素服务与保障，推动项目早落地、早开工、早见效。

（6）对接实施国家"一带一路"建设和长江经济带发展战略。一是积极对接实施"一带一路"建设战略。按照国家推进"一带一路"建设工作领导小组办公室的要求，修改完善浙江省实施方案。落实《中国（杭州）跨境电子商务综合试验区实施方案》，加快设立义乌国际邮件互换局和交换站，推进"义新欧"国际班列常态化发展，做大做强境外经贸合作园区。二是积极对接实施长江经济带发展战略。跟踪对接国家即将印发的《长江经济带发展规划纲要》，修改完善浙江省参与推动长江经济带发展实施方案并经省委省政府审议后印发实施。加快推进商合杭铁路等重大交通基础设施项目建设；以构建综合交通运输体系为重点，打造"长三角"南翼现代城市群；发展以"互联网＋"为核心的信息经济，打造产业转型升级新高地，为国家推动长江经济带发展提供重要支持。

第三章　广东海洋经济
综合开发试验区

2011 年 7 月，国务院批复了《广东海洋经济综合开发试验区规划》（国函〔2011〕81 号）（以下简称《规划》），同年，国家发展改革委批复了《广东海洋经济发展试点工作方案》（发改地区〔2011〕2203 号）（以下简称《方案》）。广东省委、省政府高度重视海洋经济发展及试点工作，成立了由省长任组长的规划实施领导小组，召开了全省海洋经济专题工作会议，研究部署海洋经济发展试点工作任务，省财政安排专项资金用于海洋经济综合试验区建设。全省围绕着海洋经济综合开发试验区建设，积极落实《规划》提出的主要任务，着力优化海洋经济空间布局，海洋产业结构不断优化，海洋渔业、海洋交通运输、海洋旅游等传统优势产业稳步提升，海洋工程装备、海洋生物医药等新兴产业快速发展，初步形成了具有较强竞争力的海洋产业体系。

第一节　广东海洋经济综合
开发试验区建设情况

（1）配套规划和政策制定取得进展。省政府成立实施《规划》领导小组，由省长任组长。省委、省政府召开专题会议，部署实施《规划》，并做出了《关于充分发挥海洋资源优势努力建设海洋经济强省的决定》。省政府印发了广东省发展临海工业等5个实施方案，细化落实《规划》，印发《广东海洋经济综合试验区建设任务分工方案》，逐项分解落实试验区建设重点工作。省政府率先在全国编制发布《广东海洋经济地图》，为海洋经济提供形象化指引。省政府开展实施《规划》专项督查，加快推进实施《规划》，制定实施海洋经济"十二五"发展规划，以及海洋环境保护、海岛保护利用、科技兴海、滨海旅游发展、邮轮旅游发展、海洋防灾减灾、海上风电场、粤港澳旅游合作等专项规划。2012—2013年，省财政共安排4.5亿元专项资金用于海洋经济综合试验区建设。沿海各市制定建设海洋经济强市意见或实施方案，并安排专项资金支持海洋产业发展，推进落实海洋经济综合试验区建设。

（2）海洋经济空间布局逐步优化。按照构建"三区、三圈、三带"海洋综合发展新格局的部署，各市加快推进重点区域建设，着力培育新的经济增长极。广州南沙新区发展规划、深圳前海开发开放先行先试政策获得国务院批复，横琴新区开发开放支持政策获得国家海关总署批准。茂名滨海新区、中山翠亨新区、惠州环大亚湾新区、汕头海湾新区、湛江海东新区等一批沿海省级新区经省政府批准建设。2011—2014 年，全省共批准用海面积 26 476公顷。沿海工业布局日趋合理，集聚发展逐步显现，广州龙穴岛建成造船能力达400 万载重吨的世界级船舶制造基地，"珠三角"海洋工程装备制造集群加快建设，大亚湾、茂名世界级石化产业基地初现雏形。海洋经济区域合作不断加强，广州南沙、深圳前海、珠海横琴等地的会展、金融、保险、信息等海洋服务业政策纳入《内地与香港关于建立更紧密经贸关系的安排》（CE-PA）补充协议并在广东省先行先试。广州、中山与澳门签订协议，开展粤澳游艇旅游自由行合作。湛江、茂名、阳江等市与广西结成"两广十市"旅游合作联盟，开展旅游合作。

（3）现代海洋产业体系初步建立。一是传统优势海洋产业转型升级步伐加快。海洋交通运输体系不断完善：以广州、深圳、珠海、汕头、湛江等主要港口为依托，初步构建起布局较为合理、分工较为明确的集装箱和能源运输系统。2014 年，全省港口完成货物吞吐量 16.54 亿吨，居全国第二，集装箱吞吐量完成 5 326 万标准箱（TEU），居全国第一。海洋渔业转型升级加快：2014年，国家和省财政共投入1.26 亿元，支持更新改造大型钢质渔船284 艘。深圳市、湛江市设立远洋渔业发展专项资金，支持建造远洋渔船。海洋船舶工业集聚发展：加快船型结构向高新技术船型、海洋工程装备及其辅助船舶、工作船、公务船及其他非货运船型等多元化方向发展，中船广州龙穴造船基地建成投产。二是海洋新兴产业不断取得新进展。海洋生物医药产业集聚发展：依托广州、深圳国家生物产业高技术基地，珠江三角洲地区初步形成了以广州、深圳为核心的海洋医药与生物制品产业集群，发展了健康元、海王药业、达安基因、大华农等一批海洋生物医药龙头企业。海洋工程装备制造加快发展：中海油深水海洋工程装备基地、中船珠海基地等一批项目开工建设，中山海事重工造船基地、中铁南方装备制造基地建成投产。海洋可再生能源利用迈出坚实步伐：珠海桂山 20 万千瓦海上风电项目获得建设"路条"，启动建设南海海岛海洋能独立电力系统示范工程、大万山波浪能海岛独立电力系统工程建设，筹建国家海岛水资源调查与综合示范基地，开展万山海岛海水淡化及综合利用示范试点。三是海洋旅游业逐步向高端化发展。省财政安排 6 亿元专项资金，通过竞争性安排扶持建设湛江"五岛一湾"、汕尾红海湾 2 个具有国内领先水平的滨海旅游产业园。珠海长隆国际海洋度假区一期建成投入使用，深圳太子湾国际油轮母港加快建设，广州、深圳、珠海、惠州、中山等地建成一批游艇码头。

（4）海洋科技自主创新加快推进。促进海洋科技创新和成果高效转化的集聚区初见成效，2011—2013 年共获得国家海洋成果创新奖二等奖 8 项，海洋领域省科技进步奖 19 项。建成了覆盖海洋生物技术、海洋防灾减灾、近岸海洋工程、海洋药物、海洋环境等领域的省部级以上重点实验室 25 个。广州、湛江被确定为国家海洋高技术产业基地，广州南沙新区通过国家科技兴海产业示范基地评审。中山大学联合在粤涉海科研机构成立海洋高新技术协同创新联盟，启动建设国内首个海洋天然产物化合物库公共服务平台。积极利用海洋经济创新发展区域示范专项项目实施，直接推动100余项科技成果转化，形成创新产品近百种，创造产值10亿元以上。

（5）涉海基础设施和海洋公共服务能力建设步伐加快。《规划》确定的海洋交通基础设施全面开工，广州港出海航道三期、珠海高栏港10万吨级和惠州港荃湾港区主航道扩建、广州港南沙港区粮食和通用码头、珠海高栏港散货码头和煤炭码头等一批重点项目建成投入使用。截至2014年年底，全省港口共有生产性泊位2 380个，其中万吨以上泊位275个，约占全国1/8，居全国第二。实施千里海堤加固达标工程，截至2013年年底，规划的116宗海堤加固达标工程中，完成初步设计审批的30宗、开工建设的15宗，累计投资16.43亿元。加快渔港建设，全省建成和在建一类渔港15个，在建二类、三类渔港16个。海洋公共服务能力逐步提升，组织开展海平面变化影响调查评估、海洋灾害影响评估和警戒潮位核定。启动建设海洋灾害预警预报系统以及汕头、汕尾、茂名3个海洋气象浮标站。

（6）海洋生态文明建设扎实有效。入海污染防控力度不断加大，2014年，全省90%以上的近岸海域为国家一类、二类优质海水，全省近岸海域环境功能区水质达标率为94%。不断完善海洋自然保护区网络，全省已建国家级海洋自然保护区5个，国家级海洋公园3个，保护区数量、面积和种类均居全国首位。建成人工鱼礁区46个，总面积达286平方千米，规模和面积居全国首位。除中央海域金项目以外，几年来全省投入省级海域金以及地方筹集资金3.54亿元用于海域、海岸带生态修复，湛江、汕尾、饶平等地港湾整治修复效果明显，初步实现还海于景、还海于民。

（7）南海资源保护开发能力不断提升。深圳市初步构建起大规模制造海上钻井平台和规模超百亿元的海工装备产业集群。中海油深水海洋工程装备制造基地、珠海海洋重工产业园等一批海洋工程项目开工建设。总部分别设在深圳、湛江的中海油南海东部、西部公司在南海海域油田年产量超过 1 000 万方油当量。荔湾3－1等油气田投产，成为我国第一个真正意义上的深水油气田。南海海洋研究所从南海深海微生物中鉴定和开发出多种具有工业应用潜力的生物酶。

（8）海洋综合管理和海洋意识宣传取得实效。广东省颁布实施渔港和渔业船舶管理条例、海洋特别保护区管理规定、惠东海龟国家级自然保护区管理办法，成立了全国首个海洋领域枢纽型社会组织——广东海洋协会以及广东海洋文化协会，实现了广东海洋社会组织发展新突破，以"海洋事业发展与管理体制创新"为主题举办首届南海发展论坛。联合国家海洋局成功举办 2012、2014 中国海洋经济博览会，组织开展海洋日、开渔节、休渔放生节、粤港澳海洋生物绘画比赛等主题活动，组织开展"广东十大美丽海岛"网络评选活动，出版《梦圆无人岛》大型画册，推出"广东沿海行""广东海岛行""寻访海上丝绸之路"等电视系列报道，引起社会广泛关注，多次举办广东蓝色课堂、海洋论坛，邀请国内知名海洋专家、涉海企业代表和主流媒体参加，为广东海洋经济发展出谋献策。

第二节　下一步重点工作

（1）把握试验区先行先试政策机遇。充分把握《规划》"赋予广东海洋经济发展方面更大的自主权"的政策机遇，既要积极推进顶层设计，又要尊重基层的首创精神，积极探索海洋经济试点先行先试有效政策措施。

（2）积极争取财政金融支持政策。借鉴山东、浙江省级财政每年安排海洋经济发展专项资金，以及通过财政引导、市场运作的方式建立省海洋产业基金的经验和做法，积极争取省级财政设立海洋经济发展资金以及南海海洋产业基金。加大与开发性金融机构的合作力度，争取金融资源和社会资金投向海洋经济发展领域。

（3）加强海洋开发支撑能力建设。积极争取与中国科学院、国家海洋局相关海洋研究机构合作，成立广东省海洋开发研究院或广东省海洋研究所，争取国家海洋局在广东设立海洋研究机构，立足南海和广东实际，服务和推进南海资源开发和保护。推进建设深海工程中心、深海生物资源中心、海域使用论证管理中心、海洋权属管理及产权交易中心等，加强海洋环境监测机构和能力建设。

（4）加强海洋经济试点政策研究和宣传。进一步加强海洋经济试点政策研究，重点加强先行先试政策落实的研究，同时，加强海洋经济试点宣传，营造加快海洋强省建设的良好氛围。

第四章　福建海峡蓝色
经济试验区

2012年9月，经国务院同意，国家发展改革委批复了《福建海峡蓝色经济试验区发展规划》（发改地区〔2012〕3057号）（以下简称《规划》）和《福建海洋经济发展试点工作方案》（发改地区〔2012〕3058号）（以下简称《方案》）。福建省委、省政府高度重视海洋经济发展及试点工作，多次召开海洋经济专题会议和现场推进会，对加快海洋经济发展工作不断做出再动员、再部署。全省上下围绕打造海峡蓝色经济试验区，建设海洋经济强省，从抓规划统筹、项目带动、生态优先、政策保障等多个方面，落实《规划》提出的主要任务，海洋经济总体实力不断增强。

第一节　福建海峡蓝色经济
试验区建设情况

（1）试点工作指导与政策扶持力度进一步加强。福建省成立了由省长任组长的福建省加快海洋经济发展领导小组，加强对海洋经济发展工作的统筹协调。省政府每年制定印发全省海洋经济工作要点，对当年的海洋经济发展工作做出全面部署，并先后出台了《关于加快海洋经济发展的若干意见》《关于支持和促进海洋经济发展的九条措施》等一系列政策性文件。同时，加大资金投入，设立省级海洋经济发展专项资金，2012—2015年每年筹集不少于10亿元，集中用于支持海洋重点产业发展、关键技术研发和科技成果转化、公共服务平台和涉海基础设施建设等。

（2）海洋开发空间布局逐步优化。一是高端临海产业和现代海洋渔业、海洋新兴产业、海洋服务业加快集聚发展，具有区域特色和竞争力的海峡蓝色产业带初步形成。二是福州、厦漳泉两大都市区加快建设，福州市充分发挥龙头带动作用，加快推进与莆田、宁德、平潭综合实验区的同城化发展；厦门市充分发挥经济特区的引领示范作用，形成"一核技术引领、两翼产业拓展、环海延伸集聚"的产业空间布局。三是陆海空间资源配置趋向合理，厦门东南国际航运中心、闽台（福州）蓝色经济产业园等一批海洋经济重大项目在环三都澳、闽江口、湄洲湾、泉州湾、厦门湾、东山湾等布局建设，六大海洋经济密集区初步形成。四是海岛开发保护工作不断加强，平潭综合实验区全面封关运作，东山、湄洲、南日、琅岐等海岛开发保护工作取得新成效，出台了《关于共同推进无居民海岛旅游开发的指导意见》，推出首批20个无居民海岛向社会招商推介。

（3）现代海洋产业体系初步形成。一是现代海洋渔业继续提升发展。现代渔业产业园区以及霞浦、南日海洋牧场等建设加快。

远洋渔业蓬勃发展，2014年远洋渔业产量26.6万吨、产值33.8亿元，均居全国第二位。二是海洋新兴产业加快培育。通过搭建载体平台，重点支持推动海洋产业园区建设，诏安金都、石狮、东山等一批海洋生物产业园区集聚效应显现。福州、漳州、厦门、泉州、宁德海洋装备制造业基地建设加快推进，海洋工程装备制造业竞争力显著提高。邮轮游艇基地建设稳步推进，至2014年，全省游艇制造业和相关企业达60多家，游艇制造业总产值40多亿元。一批海上风电项目、海水淡化示范工程项目积极推进。三是海洋服务业持续发展壮大。海洋交通运输业蓬勃发展。2014年，全省沿海港口完成货物吞吐量4.92亿吨、集装箱吞吐量1 270.71万标准箱。滨海旅游开发力度加大，一批"海洋主题公园""水乡渔村"休闲示范基地建设加快。海洋文化创意产业稳步发展，海丝文化、妈祖文化、船政文化品牌影响力不断扩大，闽南文化生态保护区取得阶段性成果。"数字海洋"建设取得较大进展，海洋通信基础网络已基本覆盖全省。

（4）海洋科技支撑能力持续提升。一是建立海洋博士创新创业协会等招才引智平台，引进、培养一批海洋科技领军人才和研发团队，打造人才高地。二是创建多种产学研紧密结合的科技兴海新模式，与厦门大学、国家海洋局第三海洋研究所等开展多种形式的产学研用协同创新平台，成立虚拟海洋研究院，对接科技需求项目，为海洋企业提供最新海洋科技成果。三是完善海洋科技创新体系，引导和支持创新要素向企业集聚，扎实推进厦门南方海洋研究中心建设，启动海洋药源生物种质资源库、海洋材料环境试验等一批公共服务平台建设。四是积极推进海峡蓝色硅谷建设，探索产学研用协同创新及海洋科技成果孵化转化新模式，促进科研成果转化落地。

（5）海洋资源开发与生态保护不断加强。一是坚持集约节约用海，引导和推动围填海项目向湾外拓展，科学开发利用港口岸线资源。积极指导有关市、县政府编制和实施区域建设用海规划。积极推进泉港等临港循环经济示范园区建设，加快发展循环经济。二是海洋环境保护政策法规体系逐步完善。对沿海六个设区市政府、平潭综合实验区管委会实行海洋环保目标责任考核。编制实施《福建省近岸海域污染防治规划（2012—2015年）》，出台全省海洋生态红线划定工作实施方案并初步完成对厦门、晋江和东山三个国家级海洋生态文明示范区的生态红线划定。三是海洋生态文明示范区创建工作加快推进。厦门、东山、晋江入选全国首批国家级海洋生态文明示范区，获批新建惠安崇武国家级海洋公园，全省国家级海洋公园达6个，全省海洋自然保护区达14个、海洋特别保护区达27个。四是陆源污染得到有效控制。组织实施了强制性清洁生产方案，努力削减陆源污染物排放。2014年，全省62个重点排污口排污量36.7万吨，较2013年减少14.4万吨。五是滨海湿地自然保护区建设加快推进，新建闽江河口湿地国家级自然保护区1处，漳江口红树林、九龙江口红树林等4个国家级和省级自然保护区建设稳步推进。六是海岛的生态环境保护逐步加强。完成牛山岛等领海基点海岛保护范围选划，强化对领海基点海岛的保护。

（6）涉海基础设施和公共服务能力建设逐步加强。一是港口集疏运体系不断完善。加快厦门东南国际航运中心建设和"两集两散两液"等重点港区整体连片开发，先后建成湄洲湾北岸东吴港口铁路支线、江阴港区港口铁路、可门作业区港口铁路等，不断拓展厦门海沧保税港区、福州江阴保税港区等物流园区功能和水水中转、海铁联运等业务，加快推进飞地港、陆地港合作。二是海岛基础设施建设加快。平潭海峡大桥及复桥、琅岐闽江大桥等建成通车，福平公铁大桥及一批海岛引调水工程开工建设。实施陆岛便民工程，建成码头管理房 76 座，更新改造海岛客运渡船，加快海岛电网建设，加快实施平潭、东山岛外调水和岛上蓄水、供水工程建设。三是海洋公共服务体系建设进一步加强。通过优化用海审批程序、创新管理方式、加大金融扶持力度等多种方式，全力推动渔港建设。截至 2014 年年底，全省共有各类渔港275 个，渔船就近避风率达到 67%。海洋监测预警体系及有关设施建设加快。

（7）金融对海洋经济的支撑作用不断强化。一是创新投资方式，引导设立省现代蓝色产业创投基金，主要投向福建省海洋新兴产业、现代海洋服务业、现代海洋渔业等海洋产业中处于初创期或成长期的海洋企业。二是创新金融产品，推出现代海洋产业中小企业助保金贷款业务，有效解决海洋中小企业融资难问题，开发了渔船、海域使用权、渔货及港口码头、船舶等资产抵押贷款业务，并在全国率先开展无居民海岛使用权抵押贷款业务。三是研究培育创新型成长型海洋企业融资渠道。积极探索政府、银行金融机构及保险公司、科技担保公司等的合作方式，鼓励开发"科技贷""风险贷"等一系列新型融资产品，助推创新型涉海企业发展。

（8）闽台海洋经济合作深入推进。一是闽台产业合作对接取得显著成效。依托与台湾"三三会"建立的合作机制，加快推进产业合作，并在机械、船舶等领域促成一批合作项目。闽台旅游合作进一步加强，福建赴台自由行试点城市扩大到 5 个。闽台金融合作优势进一步扩大，厦门两岸金融中心实体加快建设，福建新台币现钞业务量占内地业务总量的 1/3。闽台渔业合作初具规模，合作领域覆盖苗种繁育、水产养殖、水产品精深加工、渔工劳务合作以及科技合作等领域。二是平潭综合实验区两岸海洋经济合作示范区建设取得初步成效。目前，实验区台资企业从 5 家增加到 335 家，占外资企业总数的 88%。平潭至台中、台北两条客滚航线常态化运营，台北—马祖—平潭集装箱航线、货运航线开通。吉钓保税物流园区、渔人码头等项目建设逐步推进，两岸往来通道建设效果明显。三是闽台海洋综合管理领域合作不断深化。福建省海监机构同台湾海巡部门建立了常态化协同执法机制，2012 年以来，在"厦门—金门""连江—马祖"海域共开展"台湾海峡两岸海上协同执法行动" 7 次。建立了两岸搜救合作机制，强化两岸海上搜救协作与配合。

（9）海洋经济对外开放水平不断提高。一是不断深化与东盟国家海上事务交流与合作。中国—东盟海洋合作中心落户厦门，中国—东盟渔业产业合作及渔产品交易平台、印度尼西亚金马安渔业有限公司综合基地更新改造、中国—东盟海洋学院 3 个项目获外交部等有关部委批准建设，中国—东盟海产品交易所正式上线试运营。二是引导省内海洋龙头企业"走出去"，出台了《福建省海外渔业发展规划》（2014—2020 年），提出"大力发展海外养殖业、建设海外渔业加工物流基地"。先后组织省内企业赴韩国、印度尼西亚、马来西亚等国参加国际藻类博览会、中国"福建周"等活动，促进企业对外拓展。三是加强招商引资力度。依托"9·8"投洽会、厦门国际海洋周、海峡渔业博览会等平台，加强与国内外涉海企业、海洋管理部门、商会等对接合作，引进了一批海洋生物医药、游艇制造、公共服务平台等项目，海洋领域利用外资规模质量不断提升。四是围绕海洋强国及海上丝绸之路建设的主题，大力推进海洋文化与海洋事业融合发展。

（10）海洋综合管理体制逐步完善。一是陆海统筹管理进一步加强。《福建省海洋功能区划（2011—2020年）》获国务院批准，组织修编了市县级海洋功能区划，明确了全省2 214个海岛的主体功能定位，为海域海岛管理提供了科学依据。二是海洋资源配置市场化改革加快推进。修订了《福建省招标拍卖挂牌出让海域使用权办法》《福建省海域使用权、海岛使用权抵押登记办法》，莆田市、晋江市在全国率先建立海域收储中心，完成全国首例无居民海岛抵押登记，开展用海管理与用地管理衔接试点，积极推动填海海域使用权证书与土地使用权证书换发试点工作。三是海洋公共平台建设稳步推进。通过强化部门协作，福建省海洋经济运行监测与评估系统建设得到进一步推进。全省海域动态管理系统建设完成，并通过国家验收。海域使用管理审批系统、省水产品质量安全追溯管理平台已建成并投入使用，数字海洋信息基础框架构建取得初步成效。

第二节　下一步重点工作

（1）实施项目带动，促进海洋产业集聚发展。实施国家海洋经济创新发展区域示范项目和省海洋经济发展专项等项目。重点推进"高强度卡拉胶提取关键技术产业化""海洋甲壳多糖衍生物产业化"等10个海洋生物医药与制品项目建设。建设罗源湾港区、秀屿港区两个干散货运输港区，斗尾港区、古雷港区两个液体散货运输港区，海沧港区、江阴港区两个集装箱运输港区。

（2）优化产业结构，提升现代渔业发展效益。继续实施远洋渔船更新改造，支持省轮省造。推进毛里塔尼亚、几内亚比绍远洋渔业基地和远洋渔业加工冷链建设。推动境外养殖产业发展，建设一批万亩以上规模水产养殖基地。创建现代渔业产业园区（基地）20家。建设一批规模化水产良种繁育基地。扶持建设水产冷库和批发市场，推进水产品电子商务平台建设。

（3）强化金融创新，保障海洋经济发展动力。加快推进首期现代蓝色产业创投基金募集和投向工作，引导设立厦门海洋产业创投基金。加快现代海洋中小企业助保金贷款发放进度。设立厦门海洋中小企业贷款风险补偿基金，联合金融、保险机构推进开展"助保贷""科技贷"业务。召开"海洋经济重大项目融资对接会"。

（4）推进海上丝绸之路核心区建设，提升对外合作交流水平。推进第一批中国—东盟海上合作基金项目建设，组织申报并实施第二批中国—东盟海上合作基金项目和中国—东盟合作基金项目。

（5）深化改革创新，服务海洋经济跨越发展。编制《福建省海岸带综合利用规划》，推进无居民海岛保护与利用（单岛规划）编制工作，开展无居民海岛旅游项目招商及开发利用试点。探索建立海洋资源环境承载能力监测评价与预警机制。制定《福建省海洋生态补偿管理办法》等。以海湾为单元，推动建立跨区域海洋环境保护管理协调机制。

（6）完善保障机制，促进海洋经济持续发展。制定"十三五"海洋经济发展规划。加快推进海洋经济运行监测与评估系统建设，建立健全海洋经济核算体系。全面推进海洋经济发展试点二期工作，落实国家和省里现有支持政策，积极争取国家加大对福建省海洋经济发展的政策支持。

第五章　天津海洋经济
科学发展示范区

2013 年 9 月，经国务院同意，国家发展改革委批复了《天津海洋经济科学发展示范区规划》（发改地区〔2013〕1715 号）和《天津海洋经济发展试点工作方案》（发改地区〔2013〕1766 号），这标志着天津海洋经济科学发展示范区（以下简称"示范区"）步入实质性建设阶段。列入全国试点以来，在国家发展和改革委员会、国家海洋局的指导和支持以及天津市委、市政府的高度重视下，示范区建设取得了显著成效。

第一节　天津海洋经济科学
发展示范区建设情况

（1）组织领导与协调进一步强化。天津市成立了由常务副市长任组长，分管副市长任副组长，市有关 10 个部门主要负责同志为成员的示范区建设领导小组，安排 8 亿元海洋经济发展专项资金，印发了《关于建设天津海洋经济科学发展示范区的意见》，领导小组办公室组织召开专项规划和政策制定部署会，部署市发展改革委、财政局、金融局 8 个部门制定产业、财政、金融、科技、教育人才、用地、用海 7 个方面支持海洋经济发展的政策，部署市发改、工信等部门牵头编制海洋工程装备、海水淡化及综合利用、海洋服务业和海洋生物医药 4 个专项规划，2015 年 5 月已印发全市实施。

（2）海洋经济空间布局不断完善。天津市"一核、两带、六区"的海洋经济总体发展格局初具规模。一是完善核心区规划建设。滨海新区政府制定出台《天津海洋经济科学发展示范区核心区建设实施方案》，提出"2016 年初步建成海洋经济科学发展示范区核心区"的目标。二是打造海洋经济产业带。依托滨海新区海岸带地区，推动形成要素高度集聚、竞争优势突出的沿海蓝色产业发展带，集聚发展海洋金融保险、航运物流等海洋服务业，形成联结京津冀的海洋综合配套服务产业带。三是海洋产业集聚区建设加快。塘沽海洋高新区策划海洋高端装备产业园和海洋生物医药产业园建设，年总产值突破千亿元。中心渔港 6 个 5 000 吨级泊位已建成，并形成远洋捕捞、冷藏、加工、贸易、物流的产业链。滨海旅游区进一步完善一批海洋旅游项目配套设施。天津港加快港口转型升级，港区开发建设稳步推进，稳居北方第一大港。临港经济区规划建设海水淡化与综合利用创新及产业化基地、海洋工程装备基地，努力打造国家级海洋装备制造产业集群。南港工业区不断完善市政、能源、港口综合配套，进入大开发、大建设的新阶段，中俄炼化一体化、"水电气汽污"多联产公用工程项目加快推进。

（3）海洋产业结构转型升级取得实效。一是海洋战略性新兴产业取得突破。海水利用业技术和能力全国领先，海水淡化装机规模达到31.6万吨/日，占全国的41%。海洋工程装备制造业形成集群集聚，海洋观测监测仪器产业基地加快建设，打造形成风电装备整套机组到配套零部件较为完整的产业链。二是海洋优势产业不断壮大。海洋石油化工业发展势头良好，渤海油田年产量达到3 000万吨油当量，形成了从勘探开发到炼油、乙烯、化工完整的产业链。海洋化工业发展迅速，聚氯乙烯、烧碱、顺酐等海洋化工产品产量位居全国第一。海洋工程建筑业海外市场开拓实现较大突破。三是海洋现代服务业快速发展。东疆保税港区封关运作，自由贸易区启动建设，口岸进出口贸易额完成2 285亿美元。海洋旅游产业发展日益凸显，海洋金融服务业发展迅速。四是传统产业转型升级成效明显。海洋捕捞年产量达到6.65万吨，海洋盐业生产机械化程度进一步提升，船舶工业加快转型升级，新港船舶重工形成了200万吨造修船能力，医院船、汽车滚装船等高附加值船舶订单不断增加。

（4）海洋科技创新驱动作用有效提升。2013—2014年，通过申报国家海洋公益性科研专项，获国家经费支持9 300万元，通过实施科技兴海战略，获得财政支持3 700万元，带动企业和科研院所等配套经费8 000多万元，预计形成经济效益近8亿元。2014年，通过国家科技计划，获得国家经费支持5 000余万元。2014年，国家发展和改革委员会、国家海洋局同意在天津等城市开展国家海洋高技术产业基地试点，天津市编制实施方案获得国家批准实施。天津市编制了《天津海洋经济创新发展区域示范成果转化与产业化实施方案》和项目清单，共获批项目47个，总投资56.79亿元。2014年10月，区域示范项目启动，在中央启动资金的基础上，地方财政给予7 845万元支持，天津市筛选50个项目，总投资574.8亿元，2014年项目全部建成后预计每年新增效益197.4亿元。通过上述举措，天津海洋科技创新驱动作用得到有效提升。一是海洋科技研发能力不断提高。初步建成海洋高端工程装备、海水淡化及综合利用、海洋工程、海洋环保、生物医药5个方面的科技创新体系，取得了海水淡化膜技术、海洋大型工程装备制造等一批具有国际国内先进水平的科技成果。二是海洋科技成果产业化能力有效提升，引领海洋工程装备制造、海水淡化等战略性新兴产业实现突破发展。三是海洋科技创新基地平台建设加快推进。国家海洋局海水淡化与综合利用研究所在临港经济区建设海水淡化与综合利用创新及产业化基地。南开区政府、天津大学和国家海洋技术中心联手打造海洋产业协同创新基地。天津大学与主要海洋工程装备企业开展研发与产业化对接，推动建立产学研相结合的长效机制。四是海洋科技服务体系不断完善。天津市将海洋经济人才需求纳入《高层次人才引进计划》和《紧缺人才目录》，天津大学新设海洋学院，天津农学院等8所高校具有相对独立的涉海专业，涉海硕士专业授权点不断增加，海洋专业人才超过1万人。

（5）海洋生态环境保护有效加强。一是海洋环保政策体系不断完善。修订实施《天津市海洋环境保护规划》，发布《天津市海洋生态红线区报告》，出台《天津市海洋（岸）工程海洋生态损害评估方法》，为有效保护海洋环境提供了有力保障。二是海洋生态修复有效加强。实施"滨海旅游区海岸修复生态保护项目""大神堂浅海活体牡蛎礁独特生态系统保护与修复项目"等海域海岸带环境整治修复项目，累计建设投放人工鱼礁4 600 个，牡蛎礁60 000 袋，放流黑鲷14.2 万尾、毛蚶316 万粒、青蛤110.7 万粒、栉孔扇贝190.3 万粒、花鲈33.7 万尾、黑鳎21.1 万尾，生态系统退化趋势得到遏制，海洋生物多样性水平有所提高。三是海洋环境监管水平不断提升。严格海洋环境影响审批，未进行海洋渔业资源损失评估的项目一律不予受理。引导鼓励项目建设单位自主采取海洋生态损失补偿措施，履行海洋生态环境保护责任。

（6）金融促进海洋经济发展取得新成效。一是与国家开发银行开展深入合作。按照国家海洋局、国家开发银行联合印发的《关于开发性金融促进海洋经济发展试点工作的实施意见》的有关要求，市海洋局会同国家开发银行天津分行共同研究，成立了以市海洋局局长、国家开发银行天津分行行长为组长的工作协调组，全面启动相关工作。天津市遴选推荐了涉海融资项目170 个，总投资1 412 亿元，融资需求超过500 亿元。二是加快开展海洋金融创新。组织开展探索设立海洋产业引导基金相关工作。2015年3 月，编制完成《天津市海洋经济发展引导基金管理暂行办法》，引导基金将采用财政出资、引导社会资金投入的模式投资海洋经济领域。

第二节　下一步重点工作

（1）出台支持政策和专项规划。由市财政局、发展改革委和海洋局等部门牵头制定财政、科技、教育人才、金融、土地、用海等方面促进海洋经济发展的支持政策，并印发实施。实施专项规划，由市发展改革委、市工信委牵头编制海水资源综合利用循环经济、海洋工程装备产业、海洋服务业、海洋生物医药产业等专项规划，并印发实施。

（2）推进区域示范。启动年度海洋经济创新发展区域示范项目，组织开展资金评审，落实专项资金，制定区域示范资金分配方案。加强项目日常管理，细化规范项目、资金和考核管理要求，组织召开项目培训会。推进项目月报、季报，及时了解项目进展情况；深入项目现场，推动项目顺利实施；开展部分项目验收。

（3）推动金融创新。做好开发性金融促进海洋经济发展试点工作，天津市海洋局与国家开发银行天津分行签订合作协议。探索设立海洋产业引导基金，组织编制实施方案，确定具体设立模式及方式，通过市场化运作放大财政资金引导效用，吸引社会资本投入海洋经济。组织召开涉海项目融资银行、企业对接会，帮助海洋经济项目拓宽融资渠道，营造良好的金融支持氛围。

（4）推进科技兴海战略。评估《天津市科技兴海行动计划（2010—2015 年）》的实施情况，开展《科技兴海行动计划（2016—2020 年）》的编制工作。实施年度科技兴海专项，完成项目筛选、评审、立项。加强科技兴海项目、国家海洋公益性项目和海洋能项目的管理，对项目进行监督、检查，汇总分析相关情况，对存在问题进行整改。

（5）加强海洋经济调查与统计。完成天津市海洋经济运行监测与评估系统二期软硬件建设，开展业务试用。积极做好天津市第一次海洋经济调查。根据国家工作进度，细化完善"天津第一次海洋经济调查工作方案"，开展天津市海洋经济调查，完善"天津市海洋经济统计报表制度"。

第三篇　全国海洋经济发展试点工作阶段性评估报告（2010—2013年）

2010 年 4 月，国务院同意开展全国海洋经济发展试点工作，先后将山东、浙江、广东和福建、天津确定为试点地区，旨在通过试点地区的积极探索，为全国海洋经济科学发展积累经验、提供示范。在党中央、国务院的总体部署下，在各有关部门的大力支持和试点地区的扎实努力下，试点工作进展顺利、成效显著。截至 2013 年年底，山东、浙江、广东、福建 4 省已完成试点工作第一阶段任务，天津市试点工作也在全面推进。为全面总结各试点地区阶段性工作成果和经验，分析试点工作中存在的问题，明确下一阶段工作重点，2014 年，国家发展改革委委托中国国际工程咨询公司对试点工作开展了评估。

第一章 试点工作取得阶段成果

2010 年 7 月，国家发展和改革委员会会同国家海洋局等有关部门在山东省青岛市组织召开试点工作启动会，传达贯彻国务院批示精神，全面部署了试点工作任务。自试点工作启动以来，国务院批复实施了试点地区的一系列重大战略规划，有关部门结合自身职能切实加大指导和支持力度，相关地区围绕试点工作强化组织、大胆创新、勇于实践，试点工作迈出实质性步伐，基本完成了第一阶段（2010—2013 年）的工作目标。

第一节 试点工作有序推进

1. 国务院确立了"3 + 2"试点工作总体格局

2010 年，国务院同意开展全国海洋经济发展试点工作。2011 年，国务院相继批复了《山东半岛蓝色经济区发展规划》《浙江海洋经济发展示范区规划》和《广东海洋经济综合试验区发展规划》，批准设立了浙江舟山群岛新区，按照国务院要求，国家发展改革委先后批复了上述 3 省的试点工作方案；2012 年至 2013年，经国务院同意，国家发展改革委先后批复实施《福建海峡蓝色经济试验区发展规划》《天津海洋经济科学发展示范区规划》及相关试点工作方案；2013 年，国务院批复了《浙江舟山群岛新区发展规划》；2014 年，国务院批准设立了青岛西海岸新区。结合试点地区工作进展实际，在批复 5 省市试点工作方案时，确定山东、浙江、广东、福建的试点期限包括两个阶段，自工作启动至 2013 年为第一阶段、2014 年至 2015 年为第二阶段；天津的试点期限为 2013—2015 年。上述以海洋经济为主题的国家区域发展战略的先后实施，是我国区域经济发展从陆域向海洋延伸、加快推进陆海统筹、拓展国民经济发展空间的重大战略举措，标志着试点工作乃至全国海洋经济发展进入全面实施的新阶段。

2. 各部门出台了一系列支持措施

为切实加强指导，国家发展改革委牵头成立了由 21 个国务院有关部门、重要涉海行业协会和企业以及试点地区组成的试点工作领导小组。按照国务院统一部署，各部门结合职能分工，在资金安排、项目布局、体制创新等方面对试点地区给予积极指导和支持，着力为促进海洋经济发展创造良好的政策环境。

教育部加强海洋经济相关专业建设，专项支持大连海事大学船舶电子电气工程专业和救助与打捞工程专业进行综合改革，出台《教育部 交通运输部关于进一步提高航海教育质量的若干意见》，资助高等院校与企业共建涉海专业领域的国家工程实践教育中心，着力提高海洋类专业人才培养质量。

工业和信息化部会同国家发展改革委、科技部、国资委、海洋局于2011年联合发布了《海洋工程装备中长期发展规划》，切实加强对海洋工程装备制造业的规划指导；将天津北疆电厂示范项目列入第一批工业循环经济重大示范工程，为海洋经济健康发展树立典范；将船舶配套及海洋工程装备产业化作为技术改造专项年度投资的重点内容，积极培育优势产品和骨干企业，提升产业竞争力；鼓励企业开展科研攻关，发布《海洋工程装备科研项目指南2012》；会同财政部，依托高技术船舶科研计划，安排了一批海洋工程装备科研项目。

公安部积极开展创建平安海区工作，建立常态化海上巡逻机制，完善海上"110"建设，切实加强海上治安管理，创新海港边检勤务模式，着力提高口岸通关效率。

民政部大力推动有乡级以上地方人民政府驻地海岛的地名普查工作。

人力资源社会保障部着力推进完善海洋经济发展人才服务体系，批复同意山东省在青岛市建立首个国家级海洋人才市场——中国海洋人才市场（山东），积极指导浙江、福建、广东等地依托各类人力资源服务平台不断完善海洋经济发展人才服务体系。

环境保护部配合国家发展改革委继续推进实施《渤海环境保护总体规划》，会同有关部门启动编制《全国近岸海域污染防治"十二五"规划》，启动编制《长江口及毗邻海域碧海行动计划》和《珠江口及毗邻海域碧海行动计划》，建立了海域—河口—流域水污染联动治理模式；加大陆源污染防治力度，狠抓入海河流污染治理，强化监督检查，做好污染事故的应急处置。

交通运输部结合海洋经济发展试点工作要求，组织启动了新一轮各省（区）沿海港口布局规划和主要港口总体规划修编工作，有序推进沿海港口基础设施建设，出台《关于促进沿海港口健康持续发展的意见》和《关于加快"十二五"期水运结构调整的指导意见》，促进港口健康持续发展和转型升级，联合国家发展改革委颁布了《港口岸线使用审批管理办法》，进一步规范港口岸线使用审批工作，促进港口岸线资源的节约利用与保护。

水利部着力加强入海河流水资源保护，实行最严格的水资源管理制度，确立水功能区限制排污红线，控制污染物入河总量，推进实施《全国水资源综合规划》，加强水资源合理调配，确保河口生态流量，环渤海地区、珠江河口水功能区水质达标率有所提高；组织编制《全国河口海岸滩涂开发治理与管理规划》，引导滩涂资源的科学、高效、可持续利用。

人民银行指导试点地区分支机构制定金融支持海洋经济发展指导意见，全面构筑海洋经济发展的金融支持体系，为海洋经济发展营造良好金融环境；推动金融机构制定金融支持海洋经济发展规划，并与试点地区省、市政府签署金融支持海洋经济发展战略合作协议，加大定向支持力度；督促金融机构落实金融支持海洋经济发展的政策要求，进一步加强和完善对海洋旅游业、航运服务业、海洋装备制造业等海洋新兴产业的金融服务，促进海洋产业转型升级和布局优化；推动银行业金融机构顺应海洋经济发展需要创新金融产品、服务和担保方式，满足试点地区海洋经济发展多元化融资需求，全面提高海洋经济融资效率。

质检总局积极支持口岸开放，不断完善检验检疫工作机制，提高口岸通关效率，为海洋经济发展创造良好条件。

地震局积极开展沿海基础探测、海域地震区划、沿海重大工程地震安全性评价、海域地震观测监测、地震海啸评估等工作。

气象局积极推进海洋气象的科学研究与技术开发，着力开展海洋气象服务业务，为海洋经济安全发展提供基础服务。

银监会指导试点地区银监局突出对接合作，支持海洋经济发展，山东银监局着力创新体制机制促进金融与海洋产业互动发展，浙江银监局制定实施《关于大力推进浙江银行业支持海洋经济发展的若干意见》《关于完善金融服务支持实体经济发展的指导意见》等政策意见，引导金融机构切实加大对航运业等海洋经济的支持力度。

证监会积极为涉海企业和海洋经济的发展提供资本市场服务，明确创业板现阶段重点支持海洋领域等符合国家战略性新兴产业发展方向的企业；推进场外市场建设，符合条件的涉海企业可按程序申请通过全国中小企业股份转让系统进行股份挂牌转让。

文物局、海洋局于 2011 年联合印发《关于加强我国管辖海域内文化遗产联合执法工作的通知》，建立文物、海监部门联合执法工作机制。

3. 各地区务实推进试点工作

一是建立了有力高效的领导体制和工作机制。山东省在省、市、县均成立了由党委、政府主要负责同志任组长的蓝色经济区建设工作领导机构，协调解决海洋经济发展等方面的重大问题，领导小组办公室设在省发展改革委；省政府建立了重点工作协调推进制度，成立了 11 个协调推进组，负责协调推进和督促落实各专项重点工作。浙江省成立了由省委书记任组长的浙江海洋经济发展示范区工作领导小组和省长任组长的浙江舟山群岛新区工作领导小组，统筹协调并解决海洋经济发展示范区建设中的重大问题；同时成立了浙江省海洋经济工作办公室，设在省发展改革委，作为省海洋经济工作领导小组和省海洋经济发展试点工作协调推进小组的办事机构；省委省政府督查室开展了浙江海洋经济发展示范区建设推进情况的专项督查。广东省成立了由省长任组长的实施广东省海洋经济综合试验区规划领导小组。福建省成立了由省长任组长的福建省加快海洋经济发展领导小组，领导小组办公室挂靠省发展改革委，负责日常工作的组织协调；沿海各市县政府、平潭综合实验区管委会建立了相应的组织协调机制，明确了工作推进机构。天津市建立了市政府决策、市海洋行政主管部门统筹协调的海洋综合管理体制。试点地区的上述管理体制与工作机制为高效推进试点工作提供了有力保障。

二是夯实了高效推进海洋经济发展的工作基础。山东省出台了《关于贯彻落实〈山东半岛蓝色经济区发展规划〉的实施意见》《泰山学者蓝色产业领军人才团队支撑计划》《山东省海洋产业发展指导目录》等配套政策文件；编制完成 26 个专项规划、蓝色经济区 7 市发展规划和 9 个重点区域规划，印发了 28 个海洋产业联动发展示范基地建设方案，形成了以国家规划为纲领、专项规划和重点区域规划为支撑、市县规划为基础的规划体系；与教育部、工业和信息化部等签署了支持蓝色经济区建设的合作协议，细化合作事项，加快推进落实，确保省部合作协议落到实处；省财政设立了每年 10 亿元的建设专项资金，集中扶持海洋经济项目；设立了总规模 200 亿元的蓝色经济区产业投资基金，首期募集资金规模 80 亿元，已落实认缴出资 48.5 亿元。浙江省出台了《关于加快发展海洋经济的若干意见》《关于推进舟山群岛新区建设的若干意见》《关于创新浙江舟山群岛新区行政体制的意见》等政策文件；组织编制了《浙江省海洋新兴产业发展规划（2010—2015 年）》《浙江省"三位一体"港航物流服务体系建设行动计划》《浙江省"十二五"海洋经济发展重大建设项目规划》等一批专项配套规划；与 10 余个国务院有关部门和近 30 家金融机构总部签署了支持浙江海洋经济发展示范区建设的战略合作协议；省财政于 2010 年至 2012 年每年安排 10 亿元建立省海洋经济发展专项资金，2013 年至 2015 年专项资金规模扩大到每年 12 亿元；建立了 10 亿元省海洋产业基金，引导社会资金投向海洋新兴产业、涉海现代服务业、临港先进制造业和现代海洋渔业等领域。广东省出台了《关于充分发挥海洋资源优势，努力建设海洋经济强省的决定》，制定了发展临海工业、发展海洋新兴产业及海洋科技、发展海洋旅游业、集中集约用海、海洋生态保护 5 个实施方案，编制完成了海洋战略性新兴产业、海岸保护与利用、海水综合利用等专项规划；创新绘制《广东海洋经济地图》，为海洋经济发展提供形象化指引；省财政安排 4.5 亿元专项资金用于海洋经济综合试验区建设。福建省出台了《关于加快海洋经济发展

的若干意见》《关于支持和促进海洋经济发展九条措施的通知》
《关于促进航运业发展的若干意见》《关于加快发展港口群促进
"三群"联动的若干意见》《关于支持厦门东南航运中心建设的十
条措施》《关于促进船舶工业转型升级的十一条措施》等政策文
件；组织编制了《福建省海洋新兴产业发展规划》《福建省现代
海洋服务业发展规划》等配套规划；印发了《福建省海洋经济发
展专项资金管理暂行办法》《福建省海洋产业示范园区认定办法》
和《福建省海洋产业龙头企业认定评选办法》；2012—2015 年，
通过省财政一般预算安排和整合省级各有关部门现有各类涉海专
项资金，每年筹集不少于 10 亿元，设立省海洋经济发展专项资
金，支持筹建福建省蓝色产业投资基金，主要用于支持海洋新兴
产业发展；国家开发银行与省政府签订了合作协议，计划安排
230 亿元资金支持福建海洋产业发展。天津市制定了规划实施意
见和试点分工方案；积极与招商银行、交通银行等金融机构开展
战略合作，为海洋经济发展提供更多优质金融服务；加快海洋经
济运行监测与评估系统建设。试点地区的上述配套政策、实施方
案、资金支持等为高效推进海洋经济发展奠定了扎实的工作基础。

三是形成了各方推进海洋经济发展的广泛共识。山东省委、
省政府召开蓝色经济区建设工作动员大会，对推进经济区建设做
出全面部署；建立健全宣传工作长效机制，成立了新华社蓝黄
"两区"网、新华（青岛）国际海洋资讯中心、《大众日报》和
山东广播电视台记者站，及时对海洋经济发展重要动态、典型经
验进行深入报道；在北京、青岛、烟台、潍坊等地分别举办蓝色
经济区建设恳谈暨项目推介会、蓝色经济国际高峰论坛、经贸洽

谈暨中小企业融资推介会、海洋食品博览会，加强招商引资和银企对接，全面宣传推介了经济区优势条件和重点项目；举办了"蓝色经济大家谈"和中国·青岛蓝色经济发展国际高峰论坛，邀请企业代表、国内外专家学者共商海洋经济发展大计。浙江省委召开了海洋经济专题工作会议，学习贯彻国务院批复精神，研究部署海洋经济发展试点工作任务；先后举办了两届中国海洋经济投资洽谈会，精心搭建了海洋经济发展合作交流平台；先后组织了"三位一体"港航物流服务体系建设（北京）推介会、浙台海洋经济恳谈签约等招商推介活动；省发展改革委会同省委组织部举办了领导干部海洋经济研讨班，会同省委宣传部积极开展海洋经济发展示范区和舟山群岛新区建设的宣传报道工作。广东省委、省政府召开了实施广东海洋经济综合试验区发展规划工作会议，部署了开展海洋经济发展试点的工作任务；联合国家海洋局举办2012中国海洋经济博览会，搭建了一个全方位的海洋经济合作、科技交流、投资贸易新平台；组织开展了海洋日、开渔节、休渔放生节等主题活动，策划实施了"走向深蓝""广东沿海行"等以海洋为主题的系列深度报道，有效提升了社会各界的海洋意识；举办了广东海洋论坛和首期"广东蓝色课堂"，邀请国内知名海洋专家、涉海企业代表和主流媒体参加，为广东海洋经济发展出谋献策。福建省委召开了九届五次全体（扩大）会议，对加快建设海峡蓝色经济试验区、推进海洋经济强省建设做了全面部署；省政府召开加快海洋经济发展专题会议，具体部署推进海洋经济发展。天津市委组织召开专题会议，全面部署推进海洋经济发展；组织召开了天津海洋经济科学发展示范区试点新闻通气会；

通过中新社、《中国海洋报》《每日新报》等新闻媒体，扩大对试点工作的宣传。试点地区通过上述活动，广泛凝聚共识，充分调动各方积极性，为推进试点工作营造了良好氛围，形成了齐心协力、共同推进海洋经济发展的良好局面。

第二节　试点工作成效显现

1. 试点地区海洋经济辐射带动能力进一步增强

根据试点地区初步核算，试点地区合计海洋生产总值占全国海洋生产总值比重在 2007 年、2010 年和 2013 年分别为 61.9%、64.9% 和 69.9%，所占比重连续提升。

试点地区积极推进海洋产业结构调整升级，不断优化发展布局，推动建立现代海洋产业体系，努力提升海洋经济发展层次和辐射带动能力。山东半岛蓝色经济区按照"新兴产业抓集群，传统产业抓品牌"的思路，将具有基础优势和发展潜力的海洋生物、海洋装备制造、现代海洋化工、现代海洋渔业及水产品精深加工、海洋运输物流、海洋文化旅游等作为培育重点，截至 2013 年年底，建设了 8 个海洋生物产业基地，培育了 224 家海洋生物骨干企业，初步建成了船舶修造、海洋重工、海洋石油装备制造等三大海洋制造业基地，建立了千亿级的国家石化盐化一体化产业基地，认定了 146 处省级现代渔业园区，建设了 76 个海洋牧场和 14 个大型水产品精深加工基地，特色海洋产业集聚区示范带动能力不断增强。浙江海洋经济发展示范区在整合提升现有沿海和海岛产业园区基础上，重点建设九大产业集聚区，杭州大江东和宁波杭州湾临港先进制造业、宁波大榭岛临港高端化工、舟山船舶制造转型升级、台州三门等清洁能源、绍兴海洋生物医药、温州海洋科技创新、杭州海水淡化装备制造、嘉兴滨海新材料等区块，初步形成集聚态势；培育壮大海洋新兴产业，海水淡化和综合利用、海洋医药和生物制品、海洋清洁能源等海洋新兴产业发展势头良好；宁波—舟山港 2013 年货物吞吐量达 8.1 亿吨，连续 5 年保持全球海港首位。广东海洋经济综合试验区着力优化海洋经济空间布局，海洋产业结构不断优化，海洋渔业、海洋交通运输、海洋旅游等传统优势产业稳步提升，海洋工程装备、海洋生物医药等新兴产业快速发展，初步形成具有较强竞争力的海洋产业体系。福建海峡蓝色经济试验区提升发展现代海洋渔业，加快培育海洋新兴产业，持续发展壮大海洋服务业，不断集聚发展高端临海产业，现代海洋产业体系初步形成；重点推进闽台（福州）蓝色经济产业园、诏安金都海洋生物产业园、东山海洋生物科技产业园、石狮市海洋生物科技园、霞浦台湾水产品集散中心等一批海洋产业园区建设，组织认定诏安金都海洋生物产业园等 3 个园区为第一批省级海洋产业示范园区，产业集聚和示范带动效应初步显现。天津海洋经济科学发展示范区现代海洋产业体系日益完善，海洋战略性新兴产业取得突破，海水利用技术和能力全国领先，淡化水日产能力达到 31.6 万吨；海洋优势制造业不断壮大，海洋盐化工业加快发展，聚氯乙烯、烧碱、顺酐等化工产品产量位居全国第一；海洋现代服务业快速发展，海洋交通运输业稳步增长，天津港货物吞吐量突破 5 亿吨，邮轮游艇经济快速发展，国际邮轮母港全年接待近 80 艘次；现代海洋渔业初步形成了远洋捕捞、冷藏、加工、交易产业链，呈现出三次产业融合发展的态势。

2. 重点领域先行先试取得良好效果

三年来，试点地区在探索解决海洋经济发展中关键共性问题的基础上，突出区域特色，牢牢把握推进试点工作的重点领域、重点地区和重点工程。

山东省集中力量推进建设青岛西海岸、潍坊滨海、威海南海、烟台东部高技术海洋经济新区和中德生态园、日照国际海洋城、潍坊滨海产业园"四区三园"，促进海洋产业集聚发展，新引进亿元以上项目 364 个，总投资 4 749 亿元；深入实施科教兴海战略，在摸清区内科技平台建设现状的基础上，加快推进国家级海洋领域科技创新平台建设，《山东半岛蓝色经济区发展规划》确定的 18 个国家级海洋科技平台中的 12 个已基本建成，科技部批准青岛海洋科学与技术国家实验室作为国家深化科技体制机制改革试点，新建卤水精细化工产业技术创新等院士工作站 28 家，成立了中俄海洋地质与海洋环境合作研究中心等 6 个国际科技合作平台，中国海洋人才市场（山东）已揭牌运营，设立了中国蓝色经济引智试验区，着力完善海洋教育发展机制，建立了一批中小学海洋教育实践基地，新成立了青岛海洋技师学院、山东海事职业学院等 6 个海洋特色职业学院，2011—2013 年海洋职业技术教育在校生年均增长 30% 以上；加强海洋生态文明建设，出台了海洋特别保护区管理办法、海洋生态损害赔偿费和损失补偿费管理暂行办法、加强海洋生态文明示范区建设的实施意见、海岸利用与保护规划等，完成了海洋生态红线划定工作，设立海洋保护区 37 个，总面积 66.9 万公顷，实施了一批海域、海岛、海岸带整治修复和生态保护项目，截至 2013 年年底，破损岸线治理率达到 74%，近岸海域水质一类、二类海水所占比例达到 95% 以上，日照、威海、长岛成为首批国家级海洋生态文明示范区。

浙江省紧密围绕建设"三位一体"港航物流服务体系和舟山群岛新区，注重以点带面，加快推进港航物流体系建设。2013 年，沿海港口货物吞吐量 10.02 亿吨，集装箱吞吐量 1 910 万标准箱，分别较 2010 年增长 27.1% 和 36.1%，一批大型和超大型原油、矿石、煤炭等大宗商品码头泊位基本建成，沿海一批高速公路、铁路、跨海大桥和海铁联运、海河联运等大型综合交通项目加快建设，截至 2013 年年底，建成万吨级以上深水泊位 196 个，吞吐能力达 8.9 亿吨，海陆联动的港口集疏运网络体系日益完善；先后出台了《浙江舟山群岛新区建设三年（2013—2015 年）行动计划》《关于推进舟山群岛新区建设的若干意见》和《关于创新浙江舟山群岛新区行政体制的意见》，着力推进浙江舟山群岛新区高水平建设、深化改革和创新发展；有序推进浙江大学舟山海洋学院、浙江海洋学院长峙校区、舟山海洋科学城、中科院上海药物所宁波生物产业创新中心、温州海洋科技创业园和创新园、绍兴滨海新城海洋科技创新园等一批涉海科教基地和创新平台建设，与国家外国专家局签署了合作共建中国海洋科技创新引智区框架协议，2013年初步估算，研究与试验发展经费占海洋生产总值比重约为2.4%，科技贡献率达66%，完成了试点阶段目标；不断加强海洋生态环境保护，实施了"海盾""碧海"和"护岛"等海洋环保专项行动，对钱塘江、曹娥江等7条主要入海河流、沿海地区109个直排海污染源和省级以上海洋保护区实施环境监测，设立省级以上海洋自然保护区和海洋特别保护区13个、水产种质资源保护区13个、水产增殖放流区11个。

广东省立足率先探索海洋强省建设，加快推进海洋综合开发，集中力量推进构建现代海洋产业体系、科技创新、资源节约集约利用和生态环境保护，颁布实施海域使用管理、海洋环境保护等地方性法规，率先建立海域使用权招标拍卖制度；加快海洋科技自主创新体系建设，启动建设国内首个海洋生物天然产物化合物库公共服务平台，与国家海洋技术中心共建国家深海海洋试验场、国家海洋技术南方中心，建成覆盖海洋生物技术、水生经济动物良种繁育、海洋防灾减灾、近岸海洋工程、海洋药物、海洋环境等领域的省部级以上重点实验室25个，中山大学设立海洋学院、海洋经济研究中心，建立本科、硕士至博士阶段的海洋专业人才完整培养体系，南海海洋研究所与深圳大学共建"海洋科技菁英班"；沿海港口建成生产用泊位1 850个，其中万吨级泊位273个，2013年，沿海港口货物吞吐量13.1亿吨，集装箱吞吐量达4 420万标箱，实施"千里海堤加固达标工程"和"海上万艘渔船安全工程"；加快建设南海资源保护开发基地，形成以大型龙头企业为重点、规模超百亿的海洋工程装备产业集群，中海油深水海洋工程装备制造基地、珠海三一海洋重工产业园等项目开工建设，加强深海工业微生物技术研究，推进南海生物资源开发，启动建设粤东、粤中、粤西三大维权执法基地；开展海陵湾、水东湾等海洋环境容量研究，启动编制海洋生态红线实施方案，初步建成海上溢油海陆空立体监视监测体系，基本建成沿海防护林体系，宜林海岸线绿化率达94.6%，建成海洋类型保护区54个，推进珠海横琴、汕头南澳、湛江徐闻海洋生态文明示范区建设。

福建省以科学开发利用海峡、海湾、海岛资源为重点，突出创新驱动与闽台合作，着力推进沿海产业群、城市群、港口群联动发展，积极推动海洋资源市场化配置，修订了《福建省招标拍卖挂牌出让海域使用权办法》《福建省海域使用权、海岛使用权抵押登记办法》，建立莆田市、晋江市海域收储中心；实施"大港口、大通道、大物流"战略，着力推动厦门东南国际航运中心建设和湄洲湾、罗源湾、漳州古雷等重点港区整体开发，港口集疏运设施逐步完善，2013年，沿海港口货物吞吐量达4.53亿吨，集装箱吞吐量1 160万标准箱；海洋科技支撑能力持续提升，厦门南方海洋研究中心正式挂牌运作，国家海洋局海岛研究中心落地平潭，漳州科技兴海研发中心、福建海峡蓝色硅谷等一批科技创新平台和相关技术创新战略联盟加快建设，创建福建海洋博士创新创业协会，举办了中国·福建海洋人才创业周、海外留学博士海西行——海洋经济人才与项目对接洽谈会等活动；深入推进闽台海洋经济合作，加快建设台商投资区、海洋产业园等载体平台，台湾顶新集团、嘉信游艇股份有限公司等涉海企业落户福建，海峡两岸（福建东山）水产品加工集散基地、霞浦台湾水产品集散中心等初具规模，建立了海上突发事件联合处置应急机制、海峡两岸食品安全通报机制，台湾海峡盆地西部油气资源调查与评价项目取得阶段性成效；编制实施《福建省近岸海域污染防治规划（2012—2015 年）》，研究制定海洋环境污染溯源追究管理办法和海洋生态补偿管理办法，开展海洋工程建设项目海洋生态损害补偿试点和泉州湾、罗源湾、九龙江口海湾污染物总量控制试点示范工程，推进厦门、东山、晋江国家级海洋生态文明示范区建设，设立海洋保护区 42 个、国家级海洋公园 5 个，加快推进海域海岛海岸带整治修复，陆源污染物得到有效控制。

天津市以探索科技兴海和海洋经济绿色低碳循环发展的基本路径与长效机制为重点，深入实施科技兴海战略，着力提高海洋科技自主创新能力和成果转化能力，2013 年投入科技兴海专项经费 1 837 万元；不断加强海洋生态环境保护，开展年度海洋环境监测与评价，制定实施沿海警戒潮位值，开展陆源污染源调查与评估等专题研究，推进实施七里海湿地保护与修复工程和大神堂牡蛎礁国家级特别保护区一期建设，推动海洋环境观测监测台站建设，积极做好海洋灾害应急管理。

此外，山东、浙江分别出台了山东半岛蓝色经济区建设年度绩效评价及考核暂行办法、浙江海洋经济发展示范区建设统计监测办法，福建省海洋经济运行监测与评估中心正式挂牌成立，推进建立规划实施跟踪与评估机制，实现试点工作可追溯、可统计、可评估，为确保试点工作落到实处、取得实效提供了制度保障。

实践证明，国务院同意开展试点工作是完全正确的，符合沿海地区经济社会发展的实际需求。在党中央、国务院的正确领导下，在各有关方面的共同努力下，围绕加快转变经济发展方式和促进经济持续健康发展，全国海洋经济发展试点工作扎实推进，配套政策日益完善，有力地激发了各地区比较优势的发挥、促进了陆海统筹发展、增强了沿海地区的综合竞争力，海洋经济呈现出蓬勃发展的良好态势，对全国海洋经济发展的引领示范作用也逐步显现出来。

第三节　试点工作积累的有益经验

1. 思想重视、强化领导是前提

在思想层面形成深刻、准确的认识乃至共识，是持续推进海洋经济科学发展的重要前提。试点地区高度重视，切实强化组织领导，着力加强舆论宣传引导，广泛凝聚共识，充分调动各方积极性，形成了齐心协力、共同推进海洋经济发展的良好氛围。

2. 规划引领、方案明确是基础

试点地区推进海洋经济发展，着力强化战略规划的宏观引导作用。国务院批复的各试点地区战略规划，充分体现了国家战略要求和地方发展优势与需求，集中了各部门、各方面的智慧和政策资源优势，明确了试点地区海洋经济发展的指导思想、发展原则、战略定位、发展目标、空间布局、重点任务和保障措施，成为各地区促进海洋经济发展、开展试点工作的纲领性文件。在此基础上，试点地区着力建立健全衔接紧密的相关规划体系及实施机制，为推进海洋经济发展奠定扎实基础。

3. 部门协调、上下联动是保障

紧密围绕贯彻落实国务院批复要求，国务院有关部门之间切实加强沟通和协调配合，试点地区主动加强与国务院有关部门对接沟通，在有关部门的指导和支持下，切实强化政策集成、资源整合、资金聚焦，科学谋划发展方向、重点与路径，形成了上下协调、合力高效推进海洋经济发展的良好局面。

4. 市场主导、政府引导是关键

试点地区围绕促进海洋经济科学发展，注重着力构建政府与市场之间分工协调、共生互补的关系，充分发挥政府与市场的相互作用，切实把市场的导向作用、企业的主体作用和政府的推动作用有机结合起来，政府集中精力营造良好的基础设施条件和制度环境，让市场的作用更多体现在竞争领域，使得企业在良好的制度环境、完善的基础设施条件和市场机制下，更好地发挥其能动性，切实增强海洋经济发展的内生动力。

5. 可持续发展、陆海统筹是核心

试点地区高度重视生态环境保护和海洋可持续利用，遵循海洋自然规律和经济发展规律，基于更大空间尺度和发展范畴，有效统筹陆海资源环境，支持对海洋、海岸进行可持续、安全和集约高效的开发利用，积极探寻与资源环境相匹配的海洋经济发展模式、路径，努力实现陆海经济联动、可持续发展。

第二章 试点工作中存在的主要问题

一是推进力度不等、试点进度不一。 总的来看，各相关地区对试点工作均高度重视，但自试点工作启动以来，各地区在领导体制、工作机制乃至工作节奏上仍表现出一定的差距，部分地区甚至缺乏具体明确的组织推进实施机制，由此导致各地试点工作进度不一的局面。各试点地区需要更加全面地认识推进试点工作的重要性与紧迫性并给予高度重视，进度较慢的地区要充分发挥后发优势，加强交流沟通，更加高效推进试点工作。

二是创新氛围不浓、海洋特色不足。 在试点工作启动之初，发展改革委便强调试点工作一定要坚持陆海统筹这一基本原则，充分体现"以海为主、以海为本"的基本特点，突出陆海联动、创新驱动、协调发展的特色。但从试点工作实际情况来看，各地仍较多地关注陆域经济发展，将主要精力投放在海岸经济或港口经济上，陆海统筹的力度不够，重点领域改革创新不足，海洋经济发展试点工作下海不深、不远，主导产业的海洋特色不显、不亮。各试点地区需要注重资源整合的广域性和陆海发展的协调性，着力强化改革创新，着力推进海岸经济向蓝色经济转型，使试点工作真正地走向海洋。

三是基础研究不深、经验总结不够。 推进试点工作要重视调查研究，建立规划与试点方案实施监测评估体系。在试点工作实际推进过程中，各地加大了政策支持与资金投入力度，但尚缺乏对试点工作重点领域、关键问题和体制机制方面的深度研究，同时，部分地区缺乏及时主动总结评估的意识，或仅在常规层面总结上下工夫，尚未建立健全试点工作的跟踪统计与监测评估体系。各试点地区需要切实加强对重大理论问题和实践问题的研究，进一步深化重点领域和关键环节的改革，健全跟踪统计与评估制度，定期报告试点工作进展与成效，及时总结试点经验。

四是区域合作不紧、互动发展薄弱。 开展试点工作是一项全局性的战略举措，试点地区内部的主体区与联动区之间、试点地区之间、试点地区与非试点地区之间应切实加强合作，促进要素跨区域流动和优化组合，合力推进海洋经济发展。从试点工作的实施来看，试点地区内部的主体区和联动区合作不够紧密，实质性合作内容不多，互动合作发展亟待加强。各试点地区需要更加注重开放型经济体系建设和推进区域互动合作，着力创新合作方式和途径，加大资源要素整合力度，切实加强区域之间在制定战略规划、政策法规等方面的沟通交流和在产业发展、环境保护、设施建设等方面的衔接协调，实现联动发展。

第三章　下一步工作重点

试点地区要进一步解放思想、大胆创新，统筹兼顾、突出重点，锐意进取、确保进度，紧紧围绕促进海洋经济发展这一主题，坚持陆海统筹、先行先试、改革创新，全面推进试点工作，为全国海洋经济发展积累经验，提供示范。

一是切实加强规划实施的监督检查力度。 国务院批复的各试点地区战略规划，是各地区促进海洋经济发展、开展试点工作的纲领性文件，也是指导地方改革发展、编制相关专项规划的重要依据。相关地方要严格按照规划提出的战略要求，着力实施规划确定的重点任务，切实发挥规划的宏观引导作用。有关部门要抓紧建立规划实施监督检查与跟踪评估长效机制和试点工作绩效考核体系，开展进行专题调研督查，检查各项规划任务的执行情况和规划目标的落实情况，委托相关中介机构开展第三方评估，及时了解掌握试点工作前后发生的变化、取得的效益，准确把握地方海洋资源优势和海洋经济发展关键问题，找出海洋经济发展的内在规律和有效路径，确保试点工作的目标任务按时保质完成。

二是进一步加强领导协调与沟通交流。 试点工作涉及部门多、涉及领域宽，需要各个方面共同努力。要继续发挥试点工作领导小组的指导、协调作用，择时召开试点工作会议，进一步加强对试点工作的支持和指导，强化部门之间的统筹协调，细化落实有关政策措施。各地方要切实加强领导，多与各部门沟通，及时反馈有关信息，争取部门和企业的更大支持；指导试点地区之间密切配合，加强沟通，优势互补，在涉及深层次矛盾和问题的体制机制创新上形成合力，取得突破。

三是研究制定促进海洋经济发展的政策文件。指导地方把推进试点工作的着力点放在转变发展理念、创新发展模式、健全发展机制、提高发展质量上，进一步突出海洋经济特色。加快开展全国海洋经济调查，全面掌握海洋经济运行数据，加强对全国海洋经济发展形势，特别是海洋产业优化升级等方面情况的监测与评估，深入开展海洋经济发展与宏观调控政策互动机制等方面的研究，在此基础上，及时总结试点地区的有益经验，结合其他沿海地区的发展经验和实际需求，广泛听取有关部门和公众意见，研究制定促进全国海洋经济发展的政策文件。

附表

附表1　"十二五"以来全国人大及国务院发布的涉海法律法规及政策规划

类别	政策/规划	发布机构	发布时间
海洋渔业	促进海洋渔业持续健康发展的若干意见	国务院	2013 - 03 - 08
海洋油气业	中华人民共和国对外合作开采海洋石油资源条例	国务院	2011 - 09 - 30
	能源发展"十二五"规划	国务院	2013 - 01 - 01
海洋药物与生物制品业	生物产业发展规划	国务院	2012 - 12 - 29
海洋可再生能源业	能源发展战略行动计划（2014—2020年）	国务院办公厅	2014 - 11 - 19
海水利用业	关于加快发展海水淡化产业的意见	国务院办公厅	2012 - 02 - 06
海洋船舶工业	船舶工业加快结构调整促进转型升级实施方案（2013—2015年）	国务院	2013 - 07 - 31
	关于化解产能严重过剩矛盾的指导意见	国务院	2013 - 10 - 06
海洋交通运输业	关于促进海运业健康发展的若干意见	国务院	2014 - 08 - 15
	中华人民共和国航道法	全国人大	2014 - 12 - 28
海洋旅游业	关于促进旅游业改革发展的若干意见	国务院	2014 - 08 - 21
全国海洋经济发展试点	山东半岛蓝色经济区发展规划	国务院	2011 - 01 - 04
	浙江海洋经济发展示范区规划	国务院	2011 - 03 - 01
	广东海洋经济综合开发试验区规划	国务院	2011 - 07 - 05
	福建海峡蓝色经济试验区发展规划	国务院批准	2012 - 11 - 01
	天津海洋经济科学发展示范区规划	国务院批准	2013 - 09 - 09
其他	国家环境保护"十二五"规划	国务院	2011 - 12 - 15
	海洋观测预报管理条例	国务院	2012 - 03 - 01
	全国海洋功能区划（2011—2020年）	国务院	2012 - 03 - 03
	国务院关于印发"十三五"国家战略性新兴产业发展规划的通知	国务院	2012 - 07 - 09

附表2 "十二五"以来国务院有关部门发布的促进海洋经济
发展的相关政策规划

海洋产业	政策/规划	发布部门	发布时间
海洋渔业	全国渔业互助保险发展"十二五"规划（2012—2015年）	农业部	2012－07－09
	农业部关于促进远洋渔业持续健康发展的意见	农业部	2012－11－07
	关于贯彻落实《国务院关于促进海洋渔业持续健康发展的若干意见》的实施意见	农业部	2013－07－05
海洋矿业	全面实施以市场化方式出让海砂开采海域使用权	国家海洋局	2012－12－28
	海砂开采环境影响评价技术规范	国家海洋局	2014－04－17
海洋可再生能源业	海上风电开发建设管理实施细则	国家能源局、国家海洋局	2011－07－06
	海洋可再生能源发展纲要（2013—2016年）	国家海洋局	2013－12－27
	海上风电上网电价政策	国家发展改革委	2014－06－05
	全国海上风电开发建设方案（2014—2016）	国家能源局	2014－12－15
海水利用业	海水淡化科技发展"十二五"专项规划	科技部、国家发展改革委	2012－08－14
	关于促进海水淡化产业发展的意见	国家海洋局	2012－09－25
	海水淡化产业发展"十二五"规划	国家发展改革委	2012－12－09
	公布海水淡化产业发展试点单位名单（第一批）	国家发展改革委	2013－02－25
	公布海水淡化产业发展试点单位名单（第二批）	国家发展改革委	2013－10－05

海洋产业	政策/规划	发布部门	发布时间
海洋船舶工业	船舶工业"十二五"发展规划	工业和信息化部	2011 - 12
	关于进一步推进建立现代造船模式工作的指导意见	工业和信息化部	2012 - 10 - 25
	促进老旧运输船舶和单壳油轮提前报废更新实施方案	交通运输部、财政部、工业和信息化部、国家发展改革委	2013 - 12 - 05
	高技术船舶科研项目指南（2014）	工业和信息化部	2014 - 06 - 10
海洋工程装备制造业	海洋工程装备产业创新发展战略（2011—2020）	国家发展改革委、科技部、工业和信息化部、国家能源局	2011 - 08 - 05
	海洋工程装备制造业中长期发展规划	工业和信息化部、国家发展改革委、科技部、国资委、国家海洋局	2012 - 02
	海洋工程装备工程实施方案	国家发展改革委、财政部、工业和信息化部	2014 - 04 - 24
	海洋工程装备科研项目指南（2014年版）	工业和信息化部	2014 - 06 - 13
	关于促进沿海港口健康持续发展的意见	交通运输部	2011 - 11 - 08

续表

海洋产业	政策/规划	发布部门	发布时间
海洋交通运输业	港口岸线使用审批管理办法	交通运输部、发展改革委	2012 – 05 – 22
	促进我国国际海运业平稳有序发展	交通运输部	2012 – 08 – 08
	沿海码头靠泊能力管理规定	交通运输部	2014 – 01 – 26
	关于促进我国邮轮运输业持续健康发展的指导意见	交通运输部	2014 – 03 – 07
	关于推进港口转型升级的指导意见	交通运输部	2014 – 06 – 03
	关于贯彻落实《国务院关于促进海运业健康发展的若干意见》的实施方案	交通运输部	2014 – 10 – 31
海洋旅游业	中国旅游业"十二五"发展规划纲要	国家旅游局	2011 – 12 – 28
涉海金融服务业	关于开展开发性金融促进海洋经济发展试点工作的实施意见	国家海洋局、国家开发银行	2014 – 11 – 28
海洋科技	国家"十二五"海洋科学和技术发展规划纲要	国家海洋局、科技部、教育部、自然科学基金会	2011 – 09 – 19

附表 3　"十二五"以来沿海地区发布的促进海洋经济发展的相关政策规划

地区	政策/规划	发布部门	发布时间
辽宁	辽宁省海洋经济发展"十二五"规划	辽宁省人民政府	2011 - 12 - 16
	辽宁省人民政府关于促进海洋渔业持续健康发展的实施意见	辽宁省人民政府	2014 - 07 - 21
河北	河北省海洋经济发展"十二五"规划	河北省发展改革委、河北省海洋局	2011 - 08 - 31
	河北省海洋科技及产业"十二五"发展规划	河北省科学技术厅	2011 - 08 - 22
	关于进一步加强和规范海洋开发管理的意见	河北省人民政府	2012 - 07 - 12
	河北省加快发展海水淡化产业三年行动方案（2013 年—2015 年）	河北省发展改革委、河北省财政厅、河北省海洋局	2013 - 07 - 18
	河北省人民政府关于促进海洋渔业可持续发展的实施意见	河北省政府办公厅	2014 - 01
天津	天津市海洋经济和海洋事业发展"十二五"规划	天津市人民政府办公厅	2011 - 10
	天津北方国际航运中心核心功能区建设方案	国家发展改革委	2011 - 05 - 19
	中共天津市委天津市人民政府关于建设天津海洋经济科学发展示范区的意见	天津市委、市政府	2014 - 05 - 10
	天津海洋经济科学发展示范区核心区建设实施方案	天津海洋经济科学发展示范区建设领导小组	2014 - 09 - 28

地区	政策/规划	发布部门	发布时间
山东	关于金融支持山东半岛蓝色经济区发展的意见	山东省人民政府	2011 - 11 - 25
	山东省海洋产业发展指导目录（试行）	山东省发展改革委	2013 - 01 - 14
	山东省游艇产业发展规划（2014—2020 年）	山东省发展改革委、国防科学技术工业办公室	2014 - 04 - 25
江苏	江苏省"十二五"海洋经济发展规划	江苏省人民政府办公厅	2011 - 07 - 05
	关于进一步促进沿海地区科学发展的若干政策意见	江苏省人民政府	2013 - 10 - 31
	关于推进现代渔业建设的意见	江苏省人民政府	2014 - 01 - 17
上海	上海市加快国际航运中心建设"十二五"规划	上海市人民政府	2012 - 05 - 09
	上海市海洋发展"十二五"规划	上海市人民政府	2012 - 09 - 05
	上海市海洋战略性新兴产业发展指导目录	上海市海洋局、市发展改革委、市经信委、市科委	2014 - 04 - 14
浙江	浙江省远洋渔业发展"十二五"规划	浙江省海洋与渔业局	2011 - 12 - 21
	浙江省海洋新兴产业发展规划（2010—2015 年）	浙江省人民政府	2011 - 01 - 25
	浙江省海水淡化产业发展"十二五"规划	浙江省发展改革委	2013 - 08 - 28
	浙江省科技兴海规划（2011—2015 年）	浙江省海洋与渔业局、浙江省科技厅	2011 - 06 - 13

地区	政策/规划	发布部门	发布时间
浙江	浙江省高校海洋学科专业建设与发展规划（2011—2015 年）	浙江省教育厅	2011 – 07 – 02
	关于加快发展海洋经济的若干意见	浙江省委、省政府	2011 – 03 – 18
	浙江海洋经济发展"822"行动计划（2013—2017 年）	浙江省人民政府办公厅	2013 – 07 – 08
	关于修复振兴浙江渔场的若干意见	浙江省委、省政府	2014 – 07 – 18
福建	福建省海洋新兴产业发展规划	福建省人民政府办公厅	2012 – 10 – 11
	福建省现代海洋服务业发展规划	福建省人民政府办公厅	2012 – 10 – 11
广东	广东省"十二五"期间加强渔船管理控制海洋捕捞强度的实施意见	广东省海洋与渔业局	2011 – 11 – 15
	广东省"十二五"沿海港口发展意见	广东省交通运输厅	2012 – 10 – 15
	广东省滨海旅游发展规划（2011—2020 年）	广东省人民政府	2012 – 07 – 06
	广东省科技兴海规划（2010 年—2015 年）	广东省海洋与渔业局 广东省科技厅	2011 – 01 – 08
	广东省海洋经济发展"十二五"规划	广东省人民政府办公厅	2012 – 04 – 09
	关于充分发挥海洋资源优势努力建设海洋经济强省的决定	广东省委、广东省人民政府	2012 – 07 – 20
	广东省发展临海工业、海洋新兴产业及海洋科技、滨海旅游业、集中集约用海、海洋生态保护等五个实施方案	广东省发展改革委、广东省海洋与渔业局	2013 – 04 – 17
	广东省人民政府关于推动海洋渔业转型升级提高海洋渔业发展水平的意见	广东省人民政府	2013 – 06 – 21

地区	政策/规划	发布部门	发布时间
广西	广西壮族自治区海洋经济发展"十二五"规划	广西壮族自治区发展改革委、广西壮族自治区海洋局	2012 – 07 – 13
海南	海南省"十二五"海洋经济发展规划	海南省海洋与渔业局	2011 – 04 – 20